统计与大数据"十三五"规划教材立项项目

数据科学与统计系列新形态教材

时间序列分析

Time Series Analysis

涂云东 ◎ 编著

人民邮电出版社

北 京

图书在版编目（CIP）数据

时间序列分析 / 涂云东编著. -- 北京 ： 人民邮电
出版社，2022.9（2023.5重印）
数据科学与统计系列新形态教材
ISBN 978-7-115-59273-6

Ⅰ. ①时… Ⅱ. ①涂… Ⅲ. ①时间序列分析－高等学
校－教材 Ⅳ. ①O211.61

中国版本图书馆CIP数据核字(2022)第078958号

内 容 提 要

本书以时间序列模型为基础，以经济学和管理学中的案例为载体，采用理论讲解与数据分析案例实践
相结合的方式编写而成。全书共 9 章，包括时间序列分析基础、线性时间序列模型、单位根时间序列模
型、非线性时间序列模型、协整时间序列模型、波动率模型、时间序列的机器学习方法、时间序列的深度
学习方法和课程综合案例等内容。

本书配有 PPT 课件、教学大纲、数据集、R 语言代码、课后习题答案、模拟试卷及答案等教学资源，
使用本书的老师可在人邮教育社区免费下载使用。

本书不仅可以作为统计学、数据科学等相关专业本科生学习数据建模相关课程的教材，也可以作为研
究生、政府人员和企业管理人员学习预测和决策方法的培训书或自学书。

◆ 编　著　涂云东

责任编辑　王　迎

责任印制　李　东　胡　南

◆ 人民邮电出版社出版发行　北京市丰台区成寿寺路 11 号

邮编　100164　电子邮件　315@ptpress.com.cn

网址　https://www.ptpress.com.cn

大厂回族自治县聚鑫印刷有限责任公司印刷

◆ 开本：800×1000　1/16

印张：12.75　　　　　　　2022 年 9 月第 1 版

字数：224 千字　　　　　 2023 年 5 月河北第 2 次印刷

定价：49.80 元

读者服务热线：(010)81055256　印装质量热线：(010)81055316
反盗版热线：(010)81055315
广告经营许可证：京东市监广登字 20170147 号

当今，大数据和人工智能仍是最具活力的热点领域。大数据引发新一代信息技术的变革浪潮，正以排山倒海之势席卷世界，影响着社会生产生活的方方面面。而随着我国大数据、数据科学产业的蓬勃发展，北京大学光华管理学院商务统计系系主任王汉生教授意识到大数据和数据科学人才的匮乏，尤为难得的是，汉生教授所带领的团队愿意为高校的统计大数据人才培养方案和教学解决方案贡献智慧，以此希望能够培养出更多的大数据与数据科学人才来推动我国相关产业的发展。

面对海量的数据资源，汉生教授及其所在团队以敏锐的眼光抓住了学科发展的态势，引导读者使用数据分析工具和方法来重新认识大数据，重新认识数据科学。应该说，在整个大数据浪潮之中，我们正面临着大数据浪潮的冲击与历史性的转折，这无疑是个信息化的新时代，也是整个统计专业的新机遇。

基于此，汉生教授带领团队策划出版了"统计与大数据系列教材"，本套丛书具有如下特色。

（1）**始终坚持原创**。本套丛书涉及的教学案例均为原创案例，这些案例体现数据创造价值、价值源于业务的原则；集教学实践与科研实践于一体，其核心目标是让精品案例走进课堂，更好地服务于"数据科学与大数据技术"专业的需要。

（2）**矩阵式产品结构体系**。为了更清晰地展示学科全貌，本套丛书采用矩阵式产品结构体系，计划在三年之内构建出一个完整、完善和完备的教学解决方案，供相关专业教师参考使用，以助力高等院校培养出更多的大数据和数据科学人才。

（3）**注重实践**。教育界一直都是理论研究和发展的基地，又是实践人员的培养中心。汉生教授及其所在团队一直重视本土案例的研发，并不断总结科研和教学的实践经验。他们把这些实践经验都融入到了本套丛书之中，以此提供一个又一个鲜活的教学解决方案，体现大数据技术与数据科学人的共同进步。

总之，本套丛书不仅对"数据科学和大数据技术"专业很有价值，也对其他相关专业具有重要的参考价值和借鉴意义，特此向高等院校的教师们推荐本套丛书作为教材、教学参考、研究素材和学习标杆。

中国工程院院士　柴洪峰

2020 年 10 月 11 日

　　随着科技的日新月异和经济社会的快速发展，大量的时间序列数据从经济学、管理学以及自然科学的研究中涌现。与此同时，越来越多的决策的制定，如公司投融资决策、政府政策制定、互联网广告投放等，都离不开对未来经济发展形势和市场发展趋势的理解和预测。这要求管理人员具备从历史信息中提取对预测未来有价值的信息，并结合相关学科理论知识和应用场景进行合理的加工，从而形成对未来的理性预测的能力。正如党的二十大报告所指出："万事万物是相互联系、相互依存的。只有用普遍联系的、全面系统的、发展变化的观点观察事物，才能把握事物发展规律。"时间序列分析在这个过程中发挥着至关重要的作用。

　　时间序列分析是一门分析按照时间顺序排列的数据的学科，用于挖掘数据的内在动态规律，对数据的生成机制进行探索和研究，了解各种数据生成机制所产生数据的特征，以帮助研究者理解动态结构、进行政策评估和预测未来。它的主要研究目标是刻画和提取数据在时间维度上的关联性，从而厘清数据的动态规律，基于过去的观测建立模型并进行预测。时间序列分析也是计量经济学科的重要分支，它从20世纪80年代以来飞速发展。2003年的诺贝尔经济学奖得主Robert Engle和Clive Granger，就是因为在时间序列分析领域取得的卓越研究成果而获奖的。

　　时间序列分析有着非常丰富的研究和教学内容。本书的内容主要基于我在北京大学光华管理学院教授的时间序列分析课程，以及我在时间序列分析领域的研究积累成果。自从事该课程的教学以来，我深切地感受到需要编写一本适合大学经济管理类本科生的时间序列分析教材。它既要在理论上重视对时间序列模型性质的推导和理解，又要在应用上训练学生的实际数据分析能力。然而，现有的教材很少能够两者兼顾，它们要么对经管类数据的特征缺乏介绍，要么缺少经管类数据建模中重要模型（如协整）的介绍，或者缺少对经管类数据分析的背景和动机的介绍。本书首先介绍时间序列数据的基本数据特征，然后按照时间序列常用模型的特征，逐一介绍这些模型的理论性质和所能够刻画的数据特征，最后通过案例分析阐释如何在时间序列数据的建模过程中选择符合数据特征的模型。这样的讲解思路有助于学生准确理解时间序列模型应用的场景特征，把握时间序列模型的理论性质并发挥它们的实际应用价值。本书的特色主要有以下几个方面。

（1）**立足经济管理数据分析实践**。本书采用大量经济学、管理学等学科中重要的时间序列数据进行实践建模和分析。这些数据包括消费者物价指数、经济增长速率、消费和收入、工业生产指数、利率、股票价格指数（上证指数、标准普尔指数）、失业率等。对这些应用实例的解析，有助于读者了解和掌握时间序列分析的实践内容。特别地，应用实例中包含了大量中国经济和金融的数据分析实例，响应党的二十大所指出的"中国的问题必须从中国基本国情出发，由中国人自己来解答"。

（2）**解析时间序列模型构建思想**。本书针对经济学等相关学科中常见的数据特征，介绍相应的时间序列建模方法，阐述建模的基本思想、模型的理论性质和特征、建模的基本步骤和模型的诊断和检验。建模思想的解析可以帮助读者理解模型的内涵和外延，在实践中举一反三，培养读者改进现有模型、开发新模型的能力，使得所使用的模型符合数据特征，"以新的理论指导新的实践"。

（3）**提供 PPT 课件、教学大纲、数据集等教学资源**。本书配有课程教学的相关资源，包括 PPT 课件、教学大纲、数据集、R 语言代码、课后习题答案、模拟试卷及答案等。这些内容能方便任课教师备课和展示，有助于读者快速掌握时间序列分析的实践内容。此外，本书每章还设置了案例分析模块，可以帮助读者加深对时间序列建模的基本思想和方法的认识，指引读者在实践中发挥时间序列模型强大的工具性威力，以求"不断提出真正解决问题的新理念新思路新办法"。

在编写本书的过程中编者得到了诸多老师和学生的帮助。首先，我要感谢我在攻读博士期间的导师 Tae-Hwy Lee 教授和 Aman Ullah 教授，是他们引领我走进时间序列分析的殿堂，了解了非线性、相依性数据建模的魅力，让我在相关的领域中深耕。其次，我特别感谢我的同事王汉生教授，是他鼓励我将这些年的教学内容整理和完善成本书；我也特别感谢刁锦寰、姚琦伟和陈松蹊三位教授，他们在时间序列分析的教学上给我指引，并鼓励我投身解决中国宏观经济数据建模和预测中的问题，以及在教学中注重培养学生动手解决实际问题的能力。再者，我指导的博士生王莹、林颖倩和汪思韦在课程教学中提供了帮助，谢昕伶和马辰辰对书中的例子进行了分析和计算，凌波和李峥帮助完成了部分图表。感谢他们付出的辛苦劳动，没有他们本书不可能完成。另外，我要感谢出版社的编辑们，感谢他们的支持、帮助，一路陪伴直至本书完稿。最后，我要感谢我的家人，他们在我的研究和本书的编写过程中给予了我莫大的理解与支持！

由于本人水平有限，不足之处在所难免，恳请各位读者指正，以便及时勘误，并在再版时更正。

涂云东

目录

1

第 **1** 章　时间序列分析基础

本章导读

什么是时间序列？为什么要分析时间序列？时间序列有哪些独有的特征？如何刻画时间序列的特征？时间序列有哪些基本模型？如何预测未来？带着这些问题，我们将开启时间序列分析的奇妙之旅。本章通过对时间序列分析中一些基本问题的讲解，为读者揭开这门学科的神秘面纱。

1.1　时间序列数据概述

我们从时间序列数据的一些基本元素开始，逐一展开对时间序列分析基础的介绍。这些基本元素包括数据类型、数据可视化、数据来源、数据特征和一些常见的数据预处理方法。

1.1.1　数据类型

身处"大数据时代"，我们每天从睁开眼睛开始，就被各式各样的数据包围。每日的气温、食品价格、住房价格、股票价格、石油价格、利率、汇率等，诸多数据交织在一起，描绘出了我们的衣食住行和经济社会运转。常见的数据按照不同的收集方式，可以分为3种类型：横截面数据、时间序列数据和面板数据。

1. 横截面数据

横截面数据是指在同一时间点（或者时间范围内），多个个体（国家、地区、机构或者个人）的一个或多个特征的观测数据。例如，2020 年全球各个国家和地区的年经济总量、进出口、消费等的汇总数据，我国 A 股市场所有股票在 2020 年 12 月 31 日的收盘价格数据集，北京市主要城区 2020 年房价指数集，北京大学 2020 级新生入学时的身高数据集，等等。横截面数据主要用于分析和解释个体之间的差异。

2. 时间序列数据

时间序列数据是指同一个体的一个或多个特征在一系列的时间观测点上的数据。例如，1980 年至 2020 年全球平均气温年度指数、我国上证指数 2000 年 1 月至 2021 年 1 月的月收益率数据、我国经济总量 2001 年至 2020 年的年度数据等。时间序列数据最主要的特征是数据之间存在关联性（相依性），即数据会随时间的变化反映出变量（之间的）的动态变化规律。

3. 面板数据

面板数据是指多个个体的一个或多个特征在一系列的时间观测点上的数据。例如，2001 年至 2020 年全球所有国家和地区经济总量的数据，我国各个省市自治区 2001 年至 2020 年的人均可支配收入的数据，等等。面板数据包含个体在横截面和时间两个维度的信息，可以用于分析个体差异随时间变化的动态规律。

时间序列数据是本书重点关注的数据类型。和另外两类数据相比，时间序列数据的分析和建模的重要性主要体现在 3 个方面。第一，时间序列数据的分析提供了刻画数据相依性的重要工具和方法，是对未来进行预测和决策分析的基础。第二，时间序列数据的分析为横截面数据的相关性建模提供了方法论。随着空间计量经济学的快速发展，传统的横截面数据分析中数据独立性的假设已经被众多研究者摒弃。时间序列分析中刻画数据相依性的模型已经成为空间数据和网络数据中相依性建模的基本模块。第三，时间序列数据之间的相依性建模也是面板数据建模的有机组成部分。理解时间序列数据建模的基本逻辑有助于面板数据的分析和建模。

1.1.2 数据可视化

时间序列数据分析的第一步通常是数据可视化，即以数据作图，探索数据的基本特征。常见的数据可视化方法包括时序图、散点图、密度图、季节图等。

1. 时序图

时序图是指将时间序列数据按照时间顺序作图，横轴为时间刻度，纵轴为变量的取值。时序图是展示时间序列数据随时间变化的规律的重要可视化工具。中国消费者物价指数时序图如图 1-1 所示(数据来源：中国国家统计局)。

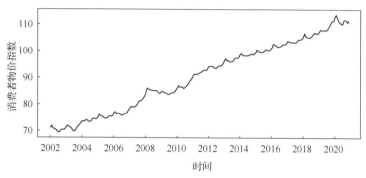

图 1-1   中国消费者物价指数时序图(2002—2020)

2. 散点图

散点图是两列时间序列数据在相同时间点上的配对数据的位置图。其横轴是一个变量的取值，纵轴是同一时间点上另一个变量的取值。散点图是用来展示两列时间序列数据之间相依性的重要可视化工具。中国国民人均收入和人均消费散点图如图 1-2 所示(数据来源：万得信息)。

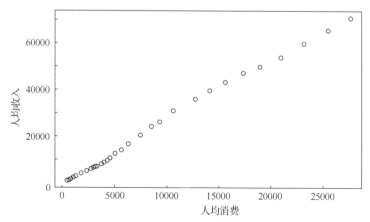

图 1-2   中国国民人均收入和人均消费散点图(2002—2019)

3. 密度图

密度图(或直方图)展示的是一列时间序列数据的取值的概率密度(或相对频率)。其横轴是时间序列数据取值的范围,纵轴是在每一个(小)区间上的取值百分比。密度图是展示一列时间序列数据分布特征的重要可视化工具。数据是否具有双峰、厚尾、对称等特征,都可以通过密度图获得直观认知。上证指数回报率密度图如图 1-3 所示(数据来源:雅虎财经)。

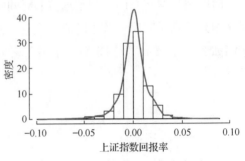

图 1-3　上证指数回报率密度图

4. 季节图

季节图是按照"季节"(即周期,如天、周、月或季度等)展示数据重复出现的季节性数据特征的图。常见的画图方式为横轴是季节,纵轴是在同一个季节上的所有时间序列取值,通常会将同一个周期内的数据连成线。另一种展示季节性数据的图称为极坐标图,它是一个二维坐标系统,将同一个周期内的各个"季节"数值用弧线连接起来。中国民用航空旅客量的时序图、季节图和极坐标图分别如图 1-4(a)~图 1-4(c)所示(数据来源:中国国家统计局)。

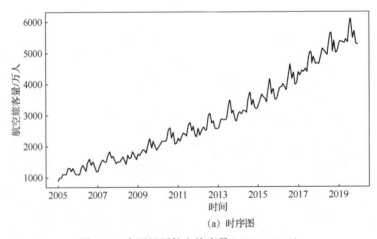

(a)时序图

图 1-4　中国民用航空旅客量(2005—2019)

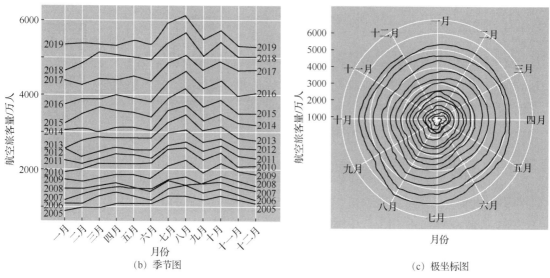

（b）季节图

（c）极坐标图

图 1-4 中国民用航空旅客量（2005—2019）（续）

1.1.3 数据来源

如何获取时间序列数据呢？研究者除了可以自己按照时间顺序记录数据外，还可以通过多个数据来源获取。下面简单介绍几个重要的数据来源。

（1）**国家统计局**：中国国家统计局公布了我国大量的宏观经济数据，如国内生产总值（gross domestic product，GDP）、消费者物价指数（consumer price index，CPI）、进出口数据、货币供应量等。

（2）**世界银行**：世界银行公开数据库列出了 7000 多个指标，可以按照国家、指标、专题和数据目录浏览数据。

（3）**经合组织**：经济合作与发展组织汇编的统计数据涵盖 38 个成员国及其他一些国家，既有这些国家的年度数据和历史数据，也有主要经济指标数据，如经济产出、就业和通货膨胀数据等。

（4）**国际货币基金组织**：国际货币基金组织拥有全球超过 170 个国家和地区的货币金融数据。

（5）**数据库**：万得信息、彭博咨询、CEIC 数据库、雅虎财经等收集了大量的各个行业的数据。

1.1.4 数据特征

1-1 时间序列
数据的特征

每一列时间序列数据都具有它独特的数据特征，而时间序列分析的基本方法就是根据数据的主要特征进行建模和分析。下面通过图例介绍几种常见的数据特征。它们也是本书将介绍的建模和分析的主要数据特征。

1. 平稳

平稳序列的取值在一个较为固定的范围内，围绕着某一个水平值(均值)波动，且数据波动的幅度(如一段时间内最大值和最小值的差)一般不随时间发生变化。如图 1-5 所示，我国通货膨胀率的数据(来源：中国国家统计局)具有平稳特征。在 1.2 节，我们将准确定义平稳性，并在第 2 章介绍刻画平稳时间序列的基本模型和建模思路。

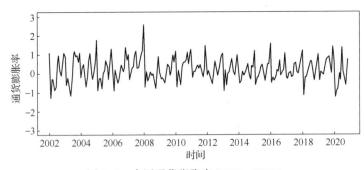

图 1-5　中国通货膨胀率(2002—2020)

2. 非平稳

不具有平稳特征的序列都是非平稳序列。非平稳序列一般具有一个或多个特征：趋势性、跳跃(结构变化)、周期性、波动幅度随时间变化等。如图 1-6 所示，美国失业率的数据(来源：美国联邦储备理事会)既具有较强的趋势性，也存在跳跃。在第 3 章，我们将介绍刻画时间序列随机趋势的单位根模型，并讨论如何检验数据是否存在随机趋势的特征。

3. 差分平稳

在非平稳序列中，有一类数据具有较强的趋势性，但经过简单的(对数)差分变换，即相邻两个数据先取对数再取差后，得到的新的序列具有平稳的特征。这种类型的数据被称

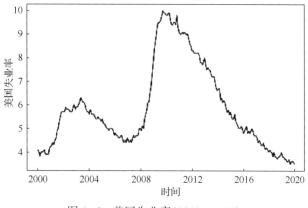

图 1-6   美国失业率(2000—2020)

为差分平稳序列。如图 1-7 所示,上证指数(来源:雅虎财经)具有趋势性(见图 1-7(a)),
然而其差分序列具有平稳的特征(见图 1-7(b))。满足该特征的数据可以通过差分变换来得
到平稳的序列,然后可以通过第 2 章介绍的平稳时间序列的模型进行建模。第 3 章将介绍
的单位根时间序列就是具有差分平稳特征的序列。

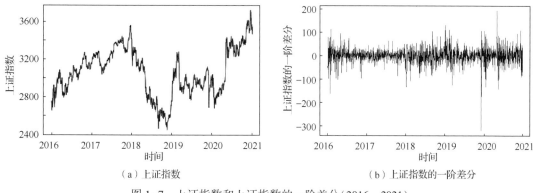

(a) 上证指数   (b) 上证指数的一阶差分

图 1-7   上证指数和上证指数的一阶差分(2016—2021)

4. 结构变化

在非平稳序列中,有一类数据的取值在某一个时间点前后呈现出显著不同的特征,我
们称之为结构变化。如图 1-8 所示,中英汇率(来源:国际货币基金组织)在英国脱欧前后
出现明显的取值区间性差异。大量的宏观经济数据受到经济政治事件(如冷战、欧债危机)、
政策变化(如中国的二孩政策推行)、技术革新(如新能源技术)、经济不确定性等因素的影

响，呈现出均值或方差跳跃、变量之间关系发生结构变化等特征。第 4 章将介绍的门限模型等结构变化模型就是用来刻画这一类特征的。

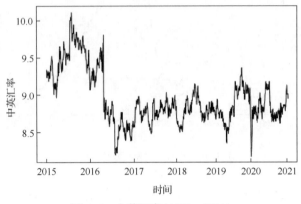

图 1-8　中英汇率(2015—2021)

5. 季节性

大量的经济活动随着季节的变化呈现出周期性的特点，如农作物的生产、航空旅客量、用电量等。如图 1-9 所示，中国 CPI(来源：中国国家统计局)呈现出明显的季节性特征。我国 CPI 在每年的春节(1 月或者 2 月)达到最高，次高点是每年的 9 月，最低点是每年的 7 月。这一特征周而复始，在时序图上呈现出重复出现的曲线特征。

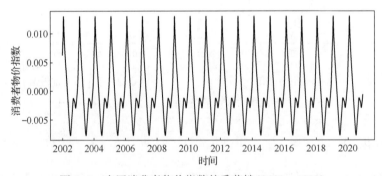

图 1-9　中国消费者物价指数的季节性(2002—2020)

6. 协整

非平稳时间序列之间是否存在相对稳定的关系呢？图 1-10 所示的人均消费和人均收入

数据(来源：万得信息)，展示出协同变化的均衡特征，即协整关系。事实上，大量的宏观经济学和金融学中的非平稳时间序列之间都存在着协整关系，如两个国家的物价指数和汇率(购买力平价，purchasing power parity)、不同期的利率、同行业的股票价格等。协整关系反映出的是市场行为之间相互约束而形成的一种均衡状态。

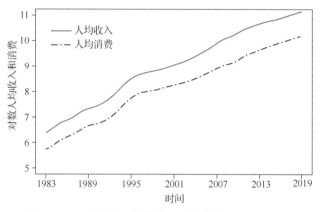

图 1-10　中国国民人均消费和人均收入(1982—2019)

7. 波动率聚集

市场的波动性(不稳定性)也会呈现出相依性的特征，反映出市场不确定性在时间上的传导关系。如图 1-11 所示，上证指数回报率(来源：雅虎财经)的方差，在取值较大时会持续一段时间取值较大，在取值较小时也会持续一段时间取值较小。该特征被称为波动率聚集，是金融市场风险度量中需要考虑的重要特征。

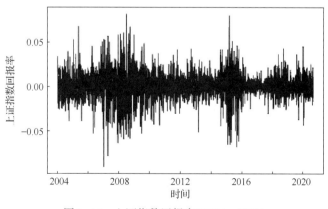

图 1-11　上证指数回报率(2004—2020)

1.1.5 数据预处理

通常见到的时间序列数据都会具有上述特征中的一种或多种。在时间序列数据的建模中，通常针对某一特征进行建模，从而要求我们在建模前对数据进行预处理。

数据预处理包括奇异值检测、缺失值填补、数据转换和数据分解等。常见的数据转换包括 Box-Cox 变换。时间序列数据按照其构成的特征，可以分解为趋势性、季节性和波动性 3 个构成部分。常用的数据分解方法有 X-13、ETS、STL 等。详见 Box 等（2015）、Box和 Tiao（1975）、Chen 和 Liu（1993）、Hyndman 和 Athanasopoulos（2018）等的研究。

1.2 时间序列的基本概念

本节将介绍时间序列分析中的基本概念。为此，我们考虑时间序列数据 $\{y_t, t=1,\cdots,T\}$。记整数集为 $\mathbf{Z}$，正整数集为 $\mathbf{Z}^+$。

1.2.1 平稳性

时间序列分析中有两种平稳性的概念，即严平稳和弱平稳。

定义 1.1（严平稳） 若时间序列的任一子集 $\{y_{t_1},\cdots,y_{t_k}: \{t_1,\cdots,t_k\}\subset\{1,\cdots,T\}, \forall k\in \mathbf{Z}^+\}$ 的概率分布函数及其任一平移 $\{y_{t_1-m},\cdots,y_{t_k-m}:, \forall m\in\mathbf{Z}\}$ 的概率分布函数相同，则称该序列为严平稳序列。

严平稳的定义涉及分布函数，在实践中较难应用，通常在时间序列分析的理论研究中使用。下面介绍更为实用的弱平稳。

定义 1.2（弱平稳） 若时间序列满足：

（1）期望 $\mu_t=E(y_t)=\mu_y$ 为有限常数，即不随时间 t 变化；

（2）协方差 $\gamma_{s,t}=\mathrm{Cov}(y_s,y_t)$ 存在，且只依赖于 s 和 t 的间隔大小 $|s-t|$；

则称该序列为弱平稳（协方差平稳、宽平稳）序列，通常简称为**平稳序列**。

1.2.2 遍历性

遍历性刻画的是时间序列数据之间的相依程度随着数据之间时间间隔增加而逐渐减弱的特征。换而言之，遍历性是指时间序列数据之间具有渐进独立的特征，即时间间隔足够大的数据之间近似相互独立。它是对随机样本中独立性假设的放宽，其定量检验比较复杂。在实际（平稳）数据分析中，通常会做出均值遍历性和协方差遍历性的假设，即样本均值和样本协方差（依概率）收敛到总体期望和总体协方差，即

$$\bar{y} = \frac{1}{T}\sum_{t=1}^{T} y_t \xrightarrow{P} \mu_y,$$

$$\hat{\gamma}_l = \frac{1}{T}\sum_{t=l+1}^{T} (y_t - \bar{y})(y_{t-l} - \bar{y}) \xrightarrow{P} \gamma_l.$$

1.2.3　白噪声

白噪声序列是指均值为 0，方差有限，且不存在时间维度上的相关性的平稳时间序列，即满足：（i）$\mu_t = 0$；（ii）若 $s \neq t$，则 $\gamma_{s,t} = 0$；若 $s = t$，则 $\gamma_{s,t} = \sigma^2 \in (0, \infty)$。白噪声是时间序列建模中对误差（噪声）项的常用假设，是对经典回归模型中扰动项独立同分布假设在时间序列中的放宽。同时，它也是线性时间序列、滑动平均模型等时间序列模型的基本构造元素。由于该序列的功率谱类似于白色光谱，均匀分布于整个频率轴，故被称为白噪声序列。

1.2.4　鞅差过程

鞅差过程是指在给定的历史信息下，条件期望为 0 的时间序列，即满足 $E(y_t \mid I_{t-1}) = 0$，其中 I_{t-1} 是指在 $t-1$ 时刻已知的所有信息构成的集合。由迭代期望公式不难得出，鞅差序列不存在序列相关性，因此是白噪声序列的一个特例。鞅差过程是时间序列数据建模中（特别是理论研究）对扰动项的重要假设。

1.2.5　相依性度量

时间序列数据最主要的特征就是存在序列相依性。然而，如何度量数据之间的相依性呢？下面介绍常见的相依性度量。

1. 线性相关系数

两个随机变量 X 和 Y 的协方差定义为 $\mathrm{Cov}(X,Y) = E\{[X-E(X)][Y-E(Y)]\}$，它们的 Pearson 相关系数定义为

$$\rho_{XY} = \rho(X,Y) = \frac{\mathrm{Cov}(X,Y)}{\sqrt{\mathrm{Var}(X)\,\mathrm{Var}(Y)}}.$$

Pearson 相关系数常用于度量变量之间的线性相关性。当变量 X 和 Y 呈现正向（或负向）线性关系时，$\rho_{XY} = 1$（或 -1）。

对于平稳时间序列 y_t，若令 $X = y_t$，$Y = y_{t-l}$，$\forall l \in \mathbf{Z}$，则定义 y_t 的 l 阶自协方差为 $\gamma_l = \mathrm{Cov}(y_t, y_{t-l})$。易知，$\gamma_l = \gamma_{-l}$，$\forall l \in \mathbf{Z}$。$y_t$ 的 l 阶序列自相关系数为

$$\rho_l = \frac{\mathrm{Cov}(y_t, y_{t-l})}{\mathrm{Var}(y_t)}.$$

易知，$\rho_0 = 1$，$\rho_l = \rho_{-l}$，$\forall l \in \mathbf{Z}$。我们将序列自相关系数关于阶数变化的函数称为自相关函数（autocorrelation function），简记为 ACF。

基于观测样本 $\{y_t, t = 1, \cdots, T\}$，可以计算出样本自协方差

$$\hat{\gamma}_l = \frac{1}{T} \sum_{t=l+1}^{T} (y_t - \bar{y})(y_{t-l} - \bar{y}), \quad \bar{y} = \frac{1}{T} \sum_{t=1}^{T} y_t$$

和样本自相关系数

$$\hat{\rho}_l = \frac{\hat{\gamma}_l}{\hat{\gamma}_0}. \tag{1.1}$$

样本自相关函数（sample autocorrelation function）通常简称为 SACF。样本自相关函数是线性时间序列建模的重要相依性度量指标。

在原假设 $\rho_1 = \cdots = \rho_k = 0$ 下，对于 $\hat{\boldsymbol{\rho}} = (\hat{\rho}_1, \cdots, \hat{\rho}_k)^{\mathrm{T}}$ 有

$$\sqrt{T} \hat{\boldsymbol{\rho}} \xrightarrow{d} N(0, \boldsymbol{I}_k).$$

因此，$Q_{\mathrm{BP}} = T \sum_{l=1}^{k} \hat{\rho}_l^2 \xrightarrow{d} \chi^2(k)$。这是 Box 和 Pierce（1970）提出的，当 Q_{BP} 大于 $\chi^2(k)$ 的上 5% 分位数时，我们拒绝原假设。Ljung 和 Box（1978）对该检验统计量进行了如下修正：

$$Q_{\mathrm{LB}} = T \cdot (T+2) \sum_{l=1}^{k} \frac{\hat{\rho}_l^2}{T-l} \xrightarrow{d} \chi^2(k). \tag{1.2}$$

该修正后的统计量在有限样本下比 Q_{BP} 更接近卡方分布，故在序列相依性检验中更为常用。

例 1-1（白噪声检验） 从标准正态分布生成独立序列 $y_t, t = 1, \cdots, T = 200$。按照前述公式计算其样本自相关函数，并构造 95% 置信区间，计算结果如图 1-12 所示。由图 1-12 易知，所有阶的自相关估计值均落在置信区间内。取滞后阶为 $k = 20$，按照（1.2）式计算得检验统计量 $Q_{\mathrm{BP}} = 19.414$，$Q_{\mathrm{LB}} = 20.595$。在该序列是白噪声序列的原假设下，两个检验的

1-2 白噪声检验

p 值分别为 0.495 和 0.421，可知两个检验在 5% 的置信水平下均不能拒绝原假设。

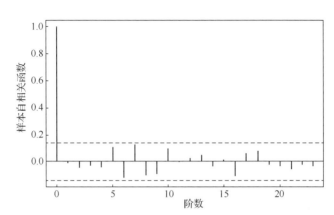

图 1-12   白噪声序列的样本自相关系数

2. 非线性相关系数

当时间序列数据之间存在非线性关系时，线性相关性可能无法反映出变量之间的相依性。例如，当 $Y = X^2$，且 $X \sim N(0,1)$ 时，易得 $\rho_{XY} = 0$。此时，变量之间的相依性可以通过非线性相关系数来度量，如 Spearman 秩相关系数和 Kendall's τ 相关系数。它们是非线性时间序列建模中重要的相依性度量。下面只介绍这两个相依性度量的定义，它们在时间序列情景下的度量可以参照 ACF 类似得出。

（1）Spearman 秩相关系数

两个随机变量 X 和 Y 的 Spearman 秩（rank）相关系数为

$$R_{XY} = \rho(F(X), G(Y)).$$

F 为 X 的分布函数，G 为 Y 的分布函数，ρ 为 Pearson 相关系数。

记 $\hat{F}(x) = \dfrac{1}{T} \sum_{t=1}^{T} 1\{X_t \leqslant x\}$，$\hat{G}(y) = \dfrac{1}{T} \sum_{t=1}^{T} 1\{Y_t \leqslant y\}$ 分别为 X 和 Y 的样本分布函数。令 $W_t = \hat{F}(X_t)$，$U_t = \hat{G}(Y_t)$。则 $T \cdot W_t$ 和 $T \cdot U_t$ 分别为 X_t 和 Y_t 的秩（样本中从小到大排列的次序）。Spearman 秩相关系数即为 W_t 和 U_t 的 Pearson 相关系数，即

$$\hat{R}_{XY} = \frac{\hat{\gamma}_{WU}}{\sqrt{\hat{\gamma}_{WW}\,\hat{\gamma}_{UU}}} = \frac{\sum\limits_{t=1}^{T}(W_t - \overline{W})(U_t - \overline{U})}{\sqrt{\sum\limits_{t=1}^{T}(W_t - \overline{W})^2 \sum\limits_{t=1}^{T}(U_t - \overline{U})^2}}, \tag{1.3}$$

$$\overline{W} = \frac{1}{T}\sum_{t=1}^{T} W_t, \quad \overline{U} = \frac{1}{T}\sum_{t=1}^{T} U_t.$$

如果数据中没有重复值，并且当两个变量完全单调相关时，则 Spearman 秩相关系数为 +1 或 -1。

在原假设 $R_{XY}=0$ 时，有

$$z = \sqrt{\frac{T-3}{1.06}} \times \frac{1}{2} \times \ln\left(\frac{1+\hat{R}_{XY}}{1-\hat{R}_{XY}}\right) \xrightarrow{d} N(0,1).$$

从而，如果 $|z|>1.96$，则在 5% 的置信水平下拒绝 $R_{XY}=0$，认为 X 和 Y 存在显著的秩相关性。

（2）Kendall's τ 相关系数

记 X 的一个随机复制项为 $\widetilde{X}$。两个随机变量 X 和 Y 的 Kendall's τ 相关系数定义为

$$\tau_{XY} = P\{(X-\widetilde{X})(Y-\widetilde{Y})>0\} - P\{(X-\widetilde{X})(Y-\widetilde{Y})<0\}$$
$$= E[\operatorname{sign}((X-\widetilde{X})(Y-\widetilde{Y}))].$$

其中，sign 为取符号函数。

该相关系数度量 X 和 Y 具有相同顺序的配对的概率。在观测样本中，同序对（concordant pairs）和异序对（discordant pairs）之差与总对数 $[T\times(T-1)/2]$ 的比值即 Kendall's τ 相关系数。Kendall's τ 相关系数的计算公式也可以表示为

$$\hat{\tau}_{XY} = \frac{4}{T(T-1)}\sum_{s<t}^{T} 1\{(X_t-X_s)(Y_t-Y_s)>0\} - 1. \tag{1.4}$$

其中，$1\{A\}$ 为示性函数，当 A 为真时其取值为 1，否则取 0。

如果 X 和 Y 的排序是完全相同的（X 和 Y 呈现出单调递增的关系），该系数为 1，则 X 和 Y 呈正相关。如果 X 和 Y 的排序完全相反（X 和 Y 呈现出单调递减的关系），该系数为 -1，则 X 和 Y 呈负相关。如果 X 和 Y 的排序是完全独立的，该系数为 0，则 X 和 Y 不相关。

若 X 和 Y 独立，则 $\tau_{XY}=0$。此时，可证

$$\sqrt{T}\hat{\tau}_{XY} \xrightarrow{d} N(0,4/9).$$

因此，当 $3\sqrt{T}|\hat{\tau}_{XY}|/2>1.96$ 时，拒绝独立原假设。

例 1-2（相关性检验） 假设 $x_t=0.2x_{t-1}+e_t$，$y_{t,1}=0.5y_{t-1,2}+u_t$，其中 e_t 和 u_t 分别为独立同分布的标准正态随机变量，且两者独立。（a）基于各自生成的 200 个观测序列，计算 x_t 和 $y_{t,1}$ 的 Spearman 秩相关系数为 0.037，秩相关检验的 p 值为 0.303，故在 5% 的置信水平下不

能拒绝 Spearman 秩相关系数等于 0 的原假设。类似地，计算 Kendall's τ 相关系数为 0.022，τ 相关检验的 p 值为 0.319，同样不能拒绝 Kendall's τ 相关系数等于 0 的原假设。(b) 接下来，考虑 $y_{t,2} = x_t^2$ 和 x_t 的相关性，计算得 Spearman 秩相关系数和 Kendall's τ 相关系数分别为 0.192 和 0.171，检验 p 值分别为 0.003 和 0.0001。这两个检验均拒绝相关系数等于 0 的原假设。

1.2.6　长期协方差

下面介绍时间序列分析中进行统计推断的一个非常重要的概念，即长期协方差。其定义为平稳时间序列的样本均值乘 $\sqrt{T}$（即 $\sqrt{T}\bar{y} = \frac{1}{\sqrt{T}}\sum_{t=1}^{T} y_t$）的方差的极限。根据方差公式，易得(Hayashi，2000)

$$\mathrm{Var}(\sqrt{T}\bar{y}) = \mathrm{Var}\left(\frac{1}{\sqrt{T}}\sum_{t=1}^{T} y_t\right) = \frac{1}{T}\mathrm{Var}\left(\sum_{t=1}^{T} y_t\right) = \frac{1}{T}\sum_{s,t=1}^{T}\mathrm{Cov}(y_s, y_t)$$

$$= \gamma_0 + 2\sum_{l=1}^{T-1}\left(1 - \frac{l}{T}\right)\gamma_l \to \sum_{l=-\infty}^{\infty}\gamma_l$$

$$\equiv S$$

当 $T \to \infty$ 时成立。上述 $S \equiv \sum_{l=-\infty}^{\infty}\gamma_l$ 被称为序列 y_t 的长期协方差(long-run covariance)。由中心极限定理(Anderson，1971)可得

$$\sqrt{T}(\bar{y} - \mu_y) \xrightarrow{d} N(0, S).$$

由上述内容可知，对 μ_y 的假设检验和置信区间的构造将依赖于 S 的相合估计。如何对 S 进行相合估计是时间序列分析中的重要研究问题。下面介绍常用的对 S 进行相合估计的方法。

Newey 和 West(1987)建议采用估计量

$$\hat{S} = \sum_{l=-T+1}^{T-1} k\left[\frac{l}{q(T)}\right]\hat{\gamma}_l, \tag{1.5}$$

这里 $k(\cdot)$ 为核(kernel)或权重函数，$q(T)$ 为带宽。常用的核函数有 Bartlett 核

$$k(x) = \begin{cases} 1 - |x|, & |x| \leq 1, \\ 0, & |x| > 1. \end{cases}$$

和 QS(quadratic spectral，Andrews，1991) 核

$$k(x) = \frac{25}{12\,\pi^2 x^2}\left[\frac{\sin(6\pi x/5)}{6\pi x/5} - \cos(6\pi x/5)\right].$$

常用的带宽为 $q(T) = \left\lfloor 4 \cdot \left(\frac{T}{100}\right)^{2/9}\right\rfloor$。这里，$\lfloor A \rfloor$ 表示不超过 A 的最大整数。例如，若 $q(T) = 3$，且采用 Bartlett 核，则由 (1.5) 式易得

$$\hat{S} = \hat{\gamma}_0 + \frac{4}{3}\hat{\gamma}_1 + \frac{2}{3}\hat{\gamma}_2.$$

例 1-3(长期协方差估计和置信区间)　假设 $y_t = e_t + 0.5e_{t-1}$，$t = 1, 2,$ $\cdots, T = 500$，其中 $e_t \sim$ i. i. d. $N(0,1)$。(a) 通过 R 语言的 kernHAC( ) 函数，可计算出 Bartlett 核估计和 QS 核估计对应的长期协方差分别为 2. 750 和 2. 775。(b) 为了说明长期协方差在统计推断中的重要性，我们以置信区间的构造为例。为此重复生成 100 组数据，计算基于样本均值所构造的 y_t 期望 μ_y 的置信区间在 100 次实验中的覆盖率。我们在

1-3　长期协方差

比较两种核估计方法的同时，也引入了没有考虑序列相依性的协方差估计。μ_y 的 95% 置信区间为 $\left[\bar{y} - \frac{1.96\sqrt{\hat{S}}}{\sqrt{T}}, \bar{y} + \frac{1.96\sqrt{\hat{S}}}{\sqrt{T}}\right]$，其中 $\bar{y} = \frac{1}{T}\sum_{t=1}^{T} y_t$ 为均值，$\hat{S}$ 为 S 的估计量。我们考虑

两个指标用于衡量置信区间估计的好坏，第一个是覆盖真值 μ_y 的概率 $P\left(\mu_y \in \left[\bar{y} - \frac{1.96\sqrt{\hat{S}}}{\sqrt{T}},\right.\right.$

$\left.\left.\bar{y} + \frac{1.96\sqrt{\hat{S}}}{\sqrt{T}}\right]\right)$，第二个是置信区间的长度 $2\frac{1.96\sqrt{\hat{S}}}{\sqrt{T}}$。首先，覆盖真值的概率越接近 95%，估计越准确；在覆盖真值的概率相同的情况下，置信区间越小，估计越准确。数据模拟显示，在 Bartlett 核估计、QS 核估计和无序列相依性假设下，协方差估计对应的置信区间覆盖真值的概率分别为 0. 97、0. 97、0. 85，区间长度分别为 0. 2690、0. 2685、0. 1955。由此可见，忽略相依性构造的置信区间覆盖真值的概率严重偏低，基于 Bartlett 核估计和 QS 核估计构造的置信区间覆盖真值的概率比较接近理论值 95%，而 QS 核估计对应的置信区间略微小一些。

1.3　时间序列基本模型

时间序列数据的分析已经建立了大量的统计学模型和计量经济学模型。下面，简单介绍时间序列数据建模中的基本模型。

1.3.1　白噪声模型

前面提到，白噪声序列(ε_t)是指期望为 0，方差有限，且不存在序列相依性的序列。在实际建模中，往往需要做出更强的白噪声假设。独立的白噪声是指序列之间彼此独立。另外，独立的高斯白噪声是指每一个时刻都服从正态分布的独立的白噪声。在后续的模型构建中，我们会看到这 3 类白噪声在时间序列分析中的作用。图 1-13 展示了一个长度为 500 的独立的高斯白噪声序列，其方差为 1。该序列展示出完全的随机性，围绕均值 0 上下较快地振荡。

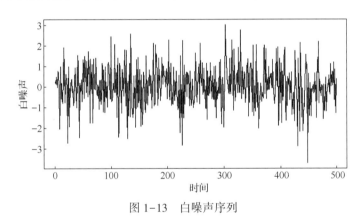

图 1-13　白噪声序列

1.3.2　滑动平均模型

滑动平均(moving average，MA)模型是指由白噪声序列进行滑动窗口计算平均得到的序列。例如，若以 ε_t 表示一个白噪声序列，则 $y_t = (\varepsilon_{t-2} + \varepsilon_{t-1} + \varepsilon_t)/3$ 即表示一个滑动窗口长度为 3 的简单(等权重)滑动平均模型。滑动平均的时间序列如图 1-14 所示，它比图 1-13 中的白噪声序列更加平滑，围绕均值 0 上下相对较慢地振荡。不难发现，y_t 和 y_{t-1} 中具有共同的元素 ε_{t-2} 和 ε_{t-1}，从而使得它们之间具有相依性。对时间序列进行线性组合也常被称为滤波(filtering)。

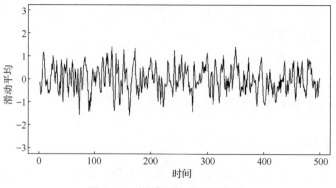

图 1-14　滑动平均的时间序列

1.3.3　自回归模型

自回归(autoregressive，AR)模型是指，按照如 $y_t = 0.5y_{t-1} + 0.5y_{t-2} + \varepsilon_t$ 的形式，由 y_t 的历史观测值和白噪声序列构造出的时间序列。与传统的回归模型相似，该模型的解释变量为 y_t 的历史观测值；与传统的回归模型不同的是，该模型的解释变量为被解释变量自身的滞后观测值，因此得名自回归模型。

自回归模型中一类非常特殊且重要的模型是带漂移项的随机游走(random walk)。带漂移项的随机游走的模型为 $y_t = \delta + y_{t-1} + \varepsilon_t$，其中 δ 称为漂移项。当 $\delta = 0$ 时，该模型简称为随机游走。当 $y_0 = 0$ 时，易得 $y_t = \delta t + \sum_{j=1}^{t} \varepsilon_j$。易知，随机游走序列是非平稳时间序列。图 1-15 中展示的是当 $\delta = 0$ 和 0.2 时，生成的 200 个随机游走序列。

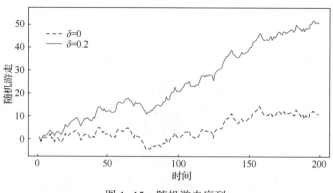

图 1-15　随机游走序列

1.3.4 自回归滑动平均模型

自回归滑动平均(autoregressive moving average，ARMA)模型是结合了滑动平均模型和自回归模型的复合模型，其模型表达式如 $y_t = 0.5y_{t-1} + 0.5\varepsilon_{t-1} + \varepsilon_t$。它涵盖了滑动平均部分和自回归部分。自回归滑动平均序列如图 1-16 所示。

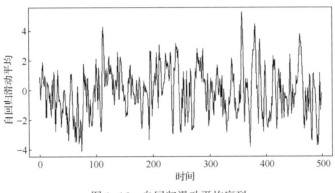

图 1-16 自回归滑动平均序列

1.4 时间序列预测方法

时间序列分析的一个目标是借助历史数据反映出的客观规律，对序列的未来观测值进行预测。下面简单介绍常用的预测方法。我们用 $\hat{y}_{T+h \mid T}$ 表示基于 T 时刻的信息构造的对 h 时刻后(即 $T+h$ 时刻)的 y 的预测值。

1.4.1 均值预测法

均值(average 或 mean)预测是指采用历史数据的平均值作为未来观测值的预测值。其中，简单均值(simple average)预测是均值预测的一种，是指采用历史数据的等权重平均值预测，即 $\hat{y}_{T+h \mid T} = \dfrac{1}{T} \sum_{t=1}^{T} y_t$，$h$ 为预测的步长。

1.4.2 朴素预测法

朴素(naive)预测是指采用当前的观测值作为未来观测值的预测值，即 $\hat{y}_{T+h \mid T} = y_T$。在序列具有随机游走特征时，该预测是最优预测。另外，该预测也是在对复杂数据进行预测时常用的预测方法。

1.4.3 滑动平均法

滑动平均法是指采用滑动窗口对窗口内的数据采用等权重进行预测，即 $\hat{y}_{T+h}\mid_T = \frac{1}{k}\sum_{t=T-k+1}^{T} y_t$。该预测的预测值表达式类似于简单的自回归模型表达式，不同之处在于自回归模型表达式的系数一般基于数据来估计。该预测也是处理具有多个时间序列数据特征（如周期性、时间趋势等）的数据时常用的方法。

1.4.4 指数平滑法

指数平滑（exponential smoothing）法是结合了简单均值预测法、朴素预测法和滑动平均法的一种预测方法。简单均值预测法的缺陷是为所有历史数据赋予相同的权重，而朴素预测法则将所有权重赋给最近的观测值。滑动平均法只为最近的数据赋予非零权重，而完全忽略较早时间的观测数据。指数平滑法的表达式为

$$\hat{y}_{T+1\mid T} = \alpha y_T + \alpha(1-\alpha)y_{T-1} + \alpha(1-\alpha)^2 y_{T-2} + \cdots$$
$$= \alpha y_T + (1-\alpha)\hat{y}_{T\mid T-1}.$$

其中，α 可以通过最小二乘法来选取。该预测方法对所有历史观测值进行加权平滑，平滑的权重的大小随着时间的推移呈指数衰减，因而得名指数平滑法。易见，下一期的预测值 $\hat{y}_{T+1\mid T}$ 可以表示为当期观测值 y_T 和当期预测值 $\hat{y}_{T\mid T-1}$ 的加权平均。

1.4.5 模型预测法

前面介绍的预测方法都不需要任何时间序列模型假设。如果通过建模能够找到适合数据的时间序列模型，则可以基于模型构造预测值。模型（model）预测法即为基于模型构造预测的预测方法。例如，对于符合自回归模型 $y_t = 0.5y_{t-1} + \varepsilon_t$ 的序列，可基于该模型在最小平方损失函数下推出其最优预测值为 $\hat{y}_{T+1\mid T} = 0.5y_T$。基于模型的预测将在本书的第 2～6 章详细介绍。在基于模型的预测构建过程中，最为关键的问题就是如何通过历史数据确定预测需要构建的计量模型。后续的课程内容将会讨论如何依据数据的主要特征来进行建模。

1.5　案例分析：投资组合

我们来考虑金融市场中的一个经典问题：投资组合(portfolio)。假若在 t 时刻你持有 w_t 的财富(如 100 万元人民币)。现在有一只股票可以投资，假设其下一期的回报率为 R_{t+1}。也可以将财富存入银行，其具有无风险利率(risk-free rate) r_f。在时刻 t，你考虑将财富中的 α 部分投资到该股票，将剩下的 $1-\alpha$ 部分存银行($0 \leqslant \alpha \leqslant 1$)。那么到时刻 $t+1$，你的财富将为 $w_{t+1}(\alpha) = \alpha w_t(1+R_{t+1}) + (1-\alpha)w_t(1+r_f)$。然而，在时刻 t，你无法知道下一个时刻的回报率。

假设你是(条件)期望-方差(expectation-variance)投资者，即符合效用函数

$$E[U(w_{t+1}) \mid Z_t] = E[w_{t+1} \mid Z_t] - \frac{c}{2}\mathrm{Var}[w_{t+1} \mid Z_t].$$

这里，Z_t 为包含 t 时刻所有信息(如 $w_t, R_t, R_{t-1}\cdots$)的集合，c 为风险规避常数，$E[w_{t+1} \mid Z_t]$ 和 $\mathrm{Var}[w_{t+1} \mid Z_t]$ 是 $t+1$ 时刻财富的期望和方差的预测值。从而，投资组合的决策问题可以转化为寻求最优的投资比例 α 来最大化：

$$\alpha \cdot w_t E[R_{t+1} \mid Z_t] - \frac{c}{2} \cdot \alpha^2 \cdot w_t^2 \mathrm{Var}[R_{t+1} \mid Z_t].$$

因此，这里首先需要解决的问题就是如何度量 $E[R_{t+1} \mid Z_t]$ 和 $\mathrm{Var}[R_{t+1} \mid Z_t]$。

在均方误差损失函数下，条件期望 $E[R_{t+1} \mid Z_t]$ 是利用 t 时刻的所有信息对 R_{t+1} 构造的最优预测。类似地，按照条件方差 $\mathrm{Var}[R_{t+1} \mid Z_t]$ 的定义，它也可以看成在 t 时刻信息下的某种条件期望。这两个预测是确定最优投资组合的关键。在接下来的章节中，将介绍线性时间序列模型(第 2 章)、非线性时间序列模型(第 4 章)、协整时间序列模型(第 5 章)、波动率模型(第 6 章)、机器学习方法(第 7 章)和深度学习方法(第 8 章)。这些模型和方法都可以应用到对投资组合的选择中来。为此，本案例的具体讨论和数值分析将在第 9 章中进一步展开。

习题

1. 常见的数据有哪些类型？什么是时间序列数据？列举 3 种时间序列数据，并给出它们的数据来源。

2. 数据可视化方法有哪些？将题 1 中列举的数据进行可视化。

3. 常见的时间序列数据有哪些典型特征？题 2 中的数据可视化后展现出的特征有哪些？

4. 常见的数据预处理方法有哪些？对题 1 中列举的数据进行预处理。

5. 什么是平稳性？什么是遍历性？白噪声序列是平稳的吗？

6. 如何度量序列相依性？不同的相依性度量指标之间有何区别和联系？

7. 对题 4 中预处理得到的平稳数据，计算其样本自相关函数并作图。如何判断该序列是否为白噪声序列？

8. 对题 7 中的平稳数据：(1)计算其长期协方差的估计量；(2)如何构造其均值的 95% 置信区间？

9. 常见的时间序列模型有哪些？

10. 常见的时间序列预测方法有哪些？

11. 选取两只 A 股的股票，尝试构造一个投资组合，并计算其在未来一段时间内的收益率？

第2章 线性时间序列模型

本章导读

什么是线性时间序列？线性时间序列模型有哪些主要特征？如何对线性时间序列进行简单建模？如何选取模型并确定所选取的模型具有的特征？如何基于线性时间序列模型预测未来？本章通过对线性时间序列模型建模中的基本问题进行讲解，带领读者开启时间序列建模的旅程。

2.1 线性时间序列模型基础

我们从线性时间序列模型开始，介绍时间序列建模的基本模块。本节将介绍线性时间序列过程，以及描述线性时间序列的常用的滞后算子。

2.1.1 线性时间序列过程

若时间序列 r_t 可以表示成白噪声序列 a_t 及其滞后项的线性函数，则称其为线性时间序列过程。具体地，若存在常数 μ，$\psi_i(i=0,1,\cdots)$，以及白噪声序列 a_t（满足 $\mathrm{Var}(a_t)=\sigma_a^2$，$\mathrm{Cov}(a_t, a_s)=0$，$\forall s \neq t$），使得

$$r_t = \mu + \sum_{i=0}^{\infty} \psi_i a_{t-i}, \ \psi_0 = 1,$$

则 r_t 为线性时间序列。线性时间序列是时间序列分析的基本模型，也是理解时间序列分析方法的基础。任何不符合线性时间序列模型设定的时间序列都被称为非线性时间序列。第 4 章将介绍非线性时间序列数据的分析和建模。

由期望和方差的性质，易得 $E(r_t)=\mu$，$\mathrm{Var}(r_t)=\sigma_a^2\sum_{i=0}^{\infty}\psi_i^2$。下面计算自协方差。

$$\mathrm{Cov}(r_t, r_{t-l}) = E\left[\left(\sum_{i=0}^{\infty} \psi_i a_{t-i}\right)\left(\sum_{j=0}^{\infty} \psi_j a_{t-l-j}\right)\right]$$

$$= E\left(\sum_{i,\,j=0}^{\infty} \psi_i \psi_j a_{t-i} a_{t-l-j}\right)$$

$$= \sum_{j=0}^{\infty} \psi_{l+j} \psi_j E(a_{t-l-j}^2)$$

$$= \sigma_a^2 \sum_{j=0}^{\infty} \psi_{l+j} \psi_j.$$

由此，可得线性时间序列的自协相关系数为

$$\rho_l = \frac{\gamma_l}{\gamma_0} = \frac{\displaystyle\sum_{i=0}^{\infty} \psi_{l+i} \psi_i}{1 + \displaystyle\sum_{i=1}^{\infty} \psi_i^2}.$$

由平稳性的定义可知，线性时间序列过程平稳只需

$$\sum_{i=0}^{\infty} \psi_{l+i} \psi_i < \infty, \ l = 0, 1, 2, \cdots.$$

此时，有 $\psi_i \to 0$，当 $i \to \infty$ 时成立。另外，易证 $\rho_l \to 0$，当 $l \to \infty$ 时成立。因此，平稳的线性时间序列的序列相关性随着数据之间时间间隔的增大而逐渐减小至 0。

2.1.2 滞后算子

为了便于用符号表示，定义滞后算子(lag operator) L 或后移算子(backshift) B，满足 $Br_t = r_{t-1}$，即滞后算子将时间序列所在的时刻退回到上一个时刻。另外，对常数 a，b，c，d 有：

$$B^0 = 1, \ Bc = c,$$

$$B^2 r_t = BBr_t = Br_{t-1} = r_{t-2},$$

$$(a + bB + cB^2) r_t = ar_t + br_{t-1} + cr_{t-2},$$

$$(a + bB)(c + dB) = ac + (b+d)B + bdB^2,$$

$$\frac{1}{1 - aB} = 1 + aB + a^2 B^2 + \cdots = \sum_{k=0}^{\infty} a^k B^k, \ \text{当} \ |a| < 1 \ \text{时成立}.$$

利用滞后算子，可将线性时间序列模型表示为

$$r_t = \mu + \sum_{i=0}^{\infty} \psi_i a_{t-i} = \mu + \sum_{i=0}^{\infty} \psi_i B^i a_t.$$

另外，易见

$$(1+aB+bB^2+cB^3)r_t=r_t+ar_{t-1}+br_{t-2}+cr_{t-3},$$

$$B(a+bt+cr_t)=a+b(t-1)+cr_{t-1}.$$

2.2 自回归模型

自回归模型是指时间序列数据的当前观测对其自身过去观测（滞后项）的回归模型。在过去的观测中，对当前观测产生影响的滞后项的个数被称为自回归模型的阶（order）。下面逐一介绍一阶、二阶和 p 阶自回归模型，以及自回归模型的阶的确定和自回归模型预测。

2.2.1 一阶自回归模型

一阶自回归模型（AR(1)）设定如下：

$$r_t=\phi_0+\phi_1 r_{t-1}+a_t. \tag{2.1}$$

其中，a_t 为方差 σ_a^2 的白噪声序列，ϕ_0 和 ϕ_1 为回归系数。

由(2.1)式易得

$$E(r_t)=\phi_0+\phi_1 E(r_{t-1}),$$

$$\mathrm{Var}(r_t)=\phi_1^2\mathrm{Var}(r_{t-1})+\sigma_a^2.$$

这里用到了 $\mathrm{Cov}(r_{t-1},a_t)=0$，因为在回归模型中，$r_{t-1}$ 只依赖于 a_{t-1} 及过去的扰动项。

若序列 r_t 平稳，则有（1）$E(r_t)=E(r_{t-1})=\mu$；（2）$\mathrm{Var}(r_t)=\mathrm{Var}(r_{t-1})=\gamma_0$。由（1）知 $\mu=\phi_0+\phi_1\mu$。因此，当 $\phi_1\neq1$ 时，

$$E(r_t)=\mu=\frac{\phi_0}{1-\phi_1}.$$

由（2）知，当 $|\phi_1|<1$ 时，

$$\mathrm{Var}(r_t)=\gamma_0=\frac{\sigma_a^2}{1-\phi_1^2}.$$

下面计算 r_t 的自协方差和自协相关系数。对任意正整数 l，有

$$\mathrm{Cov}(r_t,r_{t-l})=\phi_1\,\mathrm{Cov}(r_{t-1},r_{t-l})+\mathrm{Cov}(a_t,r_{t-l}).$$

类似方差计算中的推导知 $\mathrm{Cov}(a_t,r_{t-l})=0$，当 $l>0$ 时成立。因此，上式即

$$\gamma_l=\phi_1\gamma_{l-1},\quad l=1,2,\cdots.$$

等式两边同除以 γ_0 得

$$\rho_l = \phi_1 \rho_{l-1}.$$

由 $\rho_0 = 1$，可得自相关函数

$$\rho_l = \phi_1^l, \quad l = 0, 1, 2, \cdots. \tag{2.2}$$

因此，一阶自回归模型的自相关函数随着阶数的增加而呈现出指数衰减的特征。图 2-1 分别展示了当 $\phi_1 = 0.8$ 和 $\phi_1 = -0.8$ 时，自相关函数随着阶数变化的特征。由图 2-1（a）可知，当 $\phi_1 = 0.8$ 时，自相关函数随着阶数的增加呈现指数衰减的特征；而当 $\phi_1 = -0.8$ 时（见图 2-1（b）），自相关函数随着阶数的增加沿着横轴上下波动，波动的幅度呈现指数衰减的特征。

另外，一阶自回归模型可以通过滞后算子表示为 $(1-\phi_1 B)r_t = \phi_0 + a_t$。当 $|\phi_1| < 1$ 时，该自回归过程平稳。它的另外一种等价表述为：当多项式 $1 - \phi_1 z = 0$ 的根落在单位圆之外 $\left(z = \left|\dfrac{1}{\phi_1}\right| > 1\right)$ 时，该自回归过程平稳。

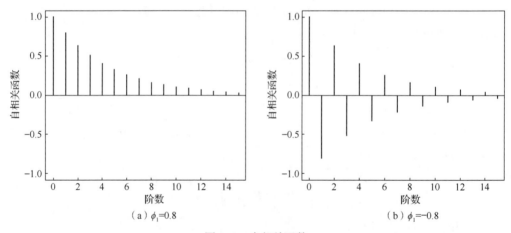

（a）$\phi_1 = 0.8$　　　　　　　　（b）$\phi_1 = -0.8$

图 2-1　自相关函数

2.2.2　二阶自回归模型

二阶自回归模型（AR(2)）设定如下：

$$r_t = \phi_0 + \phi_1 r_{t-1} + \phi_2 r_{t-2} + a_t. \tag{2.3}$$

其中，a_t 为方差 σ_a^2 的白噪声序列，ϕ_0、ϕ_1 和 ϕ_2 为回归系数。

由(2.3)式易得

$$E(r_t) = \phi_0 + \phi_1 E(r_{t-1}) + \phi_2 E(r_{t-2}).$$

若 r_t 平稳, 则有当 $\phi_1 + \phi_2 \neq 1$ 时,

$$E(r_t) = \mu = \frac{\phi_0}{1 - \phi_1 - \phi_2}.$$

另外, 当 $l \geq 0$ 时有

$$\mathrm{Cov}(r_t, r_{t-l}) = \phi_1 \mathrm{Cov}(r_{t-1}, r_{t-l}) + \phi_2 \mathrm{Cov}(r_{t-2}, r_{t-l}) + \mathrm{Cov}(a_t, r_{t-l}).$$

其中, $\mathrm{Cov}(a_t, r_{t-l}) = 0$, 对任意 $l > 0$ 成立; $\mathrm{Cov}(a_t, r_t) = \sigma_a^2$。

因此, 当 $l = 0$ 时有

$$\gamma_0 = \phi_1 \gamma_1 + \phi_2 \gamma_2 + \sigma_a^2;$$

当 $l = 1$ 时, 有

$$\gamma_1 = \phi_1 \gamma_0 + \phi_2 \gamma_1;$$

当 $l \geq 2$ 时, 有

$$\gamma_l = \phi_1 \gamma_{l-1} + \phi_2 \gamma_{l-2}.$$

解上述 3 式的联合方程可得

$$\gamma_0 = \frac{(1-\phi_2)\sigma_a^2}{(1+\phi_2)\left[(1-\phi_2)^2 - \phi_1^2\right]},$$

$$\gamma_1 = \frac{\phi_1 \sigma_a^2}{(1+\phi_2)\left[(1-\phi_2)^2 - \phi_1^2\right]}.$$

对上述 3 式除以 γ_0 可得:

当 $l = 0$ 时, 有

$$\rho_0 = \phi_1 \rho_1 + \phi_2 \rho_2 + \frac{\sigma_a^2}{\gamma_0};$$

当 $l = 1$ 时, 有

$$\rho_1 = \phi_1 \rho_0 + \phi_2 \rho_1;$$

当 $l \geq 2$ 时, 有(Yule-Walker 方程)

$$\rho_l = \phi_1 \rho_{l-1} + \phi_2 \rho_{l-2}. \tag{2.4}$$

由(2.4)式, $\rho_0 = 1$ 及 $l = 1$ 可得

$$\rho_1 = \frac{\phi_1}{1 - \phi_2}.$$

由上式及 Yule-Walker 方程(2.4)式可以计算出所有阶的自相关函数。图 2-2 分别展示了 ϕ_1，ϕ_2 在 4 组不同参数取值时，自相关函数随着阶数变化的特征。不难看出，图 2-2 (a) 和图 2-2(d) 呈现出类似指数衰减的特征，这一特征和 AR(1) 的自相关函数特征相似 (见图 2-1)；然而，图 2-2(b) 和图 2-2(c) 则呈现出没有规律的衰减特征。

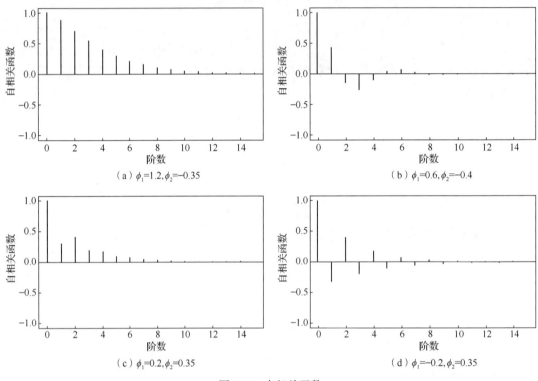

(a) ϕ_1=1.2, ϕ_2=-0.35   (b) ϕ_1=0.6, ϕ_2=-0.4

(c) ϕ_1=0.2, ϕ_2=0.35   (d) ϕ_1=-0.2, ϕ_2=0.35

图 2-2　自相关函数

另外，二阶自回归模型可以通过滞后算子表示为 $(1-\phi_1 B-\phi_2 B^2) r_t = \phi_0+a_t$。当多项式 $1-\phi_1 z-\phi_2 z^2 = 0$ 的根落在单位圆之外时，该自回归过程平稳。

2.2.3　p 阶自回归模型

p 阶自回归模型(AR(p))设定如下：

$$r_t = \phi_0+\phi_1 r_{t-1}+\cdots+\phi_p r_{t-p}+a_t. \tag{2.5}$$

其中，a_t 为方差 σ_a^2 的白噪声序列，$\phi_0,\phi_1,\cdots,\phi_p$ 为回归系数。

由模型设定易得

$$E(r_t) = \phi_0 + \phi_1 E(r_{t-1}) + \cdots + \phi_p E(r_{t-p}).$$

若 r_t 平稳，则当 $\phi_1 + \cdots + \phi_p \neq 1$ 时，有

$$E(r_t) = \mu = \frac{\phi_0}{1 - \phi_1 - \cdots - \phi_p}.$$

另外，对 $l \geq 0$，有

$$\mathrm{Cov}(r_t, r_{t-l}) = \phi_1 \mathrm{Cov}(r_{t-1}, r_{t-l}) + \cdots + \phi_2 \mathrm{Cov}(r_{t-p}, r_{t-l}) + \mathrm{Cov}(a_t, r_{t-l}).$$

其中，$\mathrm{Cov}(a_t, r_{t-l}) = 0$，对任意 $l > 0$ 成立；$\mathrm{Cov}(a_t, r_t) = \sigma_a^2$。

因此，当 $l = 0$ 时，有

$$\gamma_0 = \phi_1 \gamma_1 + \cdots + \phi_p \gamma_p + \sigma_a^2;$$

当 $l \geq 1$ 时，有

$$\gamma_l = \phi_1 \gamma_{l-1} + \cdots + \phi_p \gamma_{l-p}.$$

利用 $\gamma_{-l} = \gamma_l$，由当 $l = 0, 1, \cdots, p$ 时所得式子组成的方程即可解得 $\gamma_0, \gamma_1, \cdots, \gamma_p$（作为 σ_a^2，$\phi_1, \cdots, \phi_p$ 的函数）。另外，上式除以 γ_0 可得 Yule-Walker 方程：

$$\rho_l = \phi_1 \rho_{l-1} + \cdots + \phi_p \rho_{l-p}. \tag{2.6}$$

利用 $\rho_{-l} = \rho_l$ 及 $\rho_0 = 1$，由当 $l = 1, \cdots, p-1$ 时所得式子组成的方程即可解得 $\rho_1, \cdots, \rho_{p-1}$（作为 $\phi_1, \cdots, \phi_p$ 的函数）。对 $l \geq q$，ρ_l 由 Yule-Walker 方程（2.6）式迭代计算可得。

另外，p 阶自回归模型可以通过滞后算子表示为 $(1 - \phi_1 B - \cdots - \phi_p B^p) r_t = \phi_0 + a_t$。当多项式 $1 - \phi_1 z - \cdots - \phi_p z^p = 0$ 的根落在单位圆之外时，该自回归过程平稳。

2.2.4　自回归模型定阶

在实际数据的自回归建模中，如何确定自回归模型的阶呢？下面介绍常用的 3 种方法：偏自相关系数法、信息准则法和模型诊断法。

2-1　自回归
模型定阶

1. 偏自相关系数法

定义：（偏自相关系数）对 $k \geq 1$，在 k 阶回归模型（线性投影）

$$r_t = \phi_{k0} + \phi_{k1} r_{t-1} + \cdots + \phi_{kk} r_{t-k} + e_{kt} \tag{2.7}$$

中，最后一个解释变量 r_{t-k} 前的系数 ϕ_{kk}，被称为 r_t 的 k **阶偏自相关系数**。将 ϕ_{kk} 看作 k 的函

数，则称 $\{\phi_{kk}\}_{k=1}$ 为 r_t 的**偏自相关函数**（partial autocorrelation function，PACF）。

由回归模型(2.7)式可得，对 $\forall l \geqslant 1$，有

$$\mathrm{Cov}(r_t, r_{t-l}) = \phi_{k1}\mathrm{Cov}(r_{t-1}, r_{t-l}) + \cdots + \phi_{kk}\mathrm{Cov}(r_{t-k}, r_{t-l}) + \mathrm{Cov}(e_{kt}, r_{t-l}).$$

由线性投影的性质知，解释变量 $r_{t-1}, \cdots, r_{t-k}$ 和扰动项 e_{kt} 正交（不相关）。因此，对 $l=1$，$2, \cdots, k$，$\mathrm{Cov}(e_{kt}, r_{t-l}) = 0$。从而有

$$\rho_1 = \rho_0\phi_{k1} + \rho_1\phi_{k2} + \cdots + \rho_{k-1}\phi_{kk},$$
$$\rho_2 = \rho_1\phi_{k1} + \rho_0\phi_{k2} + \cdots + \rho_{k-2}\phi_{kk},$$
$$\vdots$$
$$\rho_k = \rho_{k-1}\phi_{k1} + \rho_{k-2}\phi_{k2} + \cdots + \rho_0\phi_{kk}.$$

易解得

$$\begin{pmatrix} \phi_{k1} \\ \phi_{k2} \\ \vdots \\ \phi_{kk} \end{pmatrix} = \begin{pmatrix} \rho_0 & \rho_1 & \cdots & \rho_{k-1} \\ \rho_1 & \rho_0 & \cdots & \vdots \\ \vdots & \vdots & & \rho_1 \\ \rho_{k-1} & \cdots & \rho_1 & \rho_0 \end{pmatrix}^{-1} \begin{pmatrix} \rho_1 \\ \rho_2 \\ \vdots \\ \rho_k \end{pmatrix}.$$

由 Cramer 法则，有

$$\phi_{kk} = \frac{\begin{vmatrix} \rho_0 & \rho_1 & \cdots & \rho_1 \\ \rho_1 & \rho_0 & \cdots & \vdots \\ \vdots & \vdots & & \rho_{k-1} \\ \rho_{k-1} & \cdots & \rho_1 & \rho_k \end{vmatrix}}{\begin{vmatrix} \rho_0 & \rho_1 & \cdots & \rho_{k-1} \\ \rho_1 & \rho_0 & \cdots & \vdots \\ \vdots & \vdots & & \rho_1 \\ \rho_{k-1} & \cdots & \rho_1 & \rho_0 \end{vmatrix}}. \tag{2.8}$$

由(2.8)式可证，对于 $\mathrm{AR}(p)$ 模型，当 $k>p$ 时，有 $\phi_{kk}=0$。该结论亦可以从 $\mathrm{AR}(p)$ 模型设定中得出（若 $\phi_{kk} \neq 0$ 对某一 k，$k>p$ 成立，则该自回归模型的阶应当大于 p）。

具体地，

$$\phi_{11} = \rho_1,$$

$$\phi_{22} = \frac{\begin{vmatrix} \rho_0 & \rho_1 \\ \rho_1 & \rho_2 \end{vmatrix}}{\begin{vmatrix} \rho_0 & \rho_1 \\ \rho_1 & \rho_0 \end{vmatrix}} = \frac{\rho_2 - \rho_1^2}{1 - \rho_1^2},$$

$$\phi_{33} = \frac{\begin{vmatrix} \rho_0 & \rho_1 & \rho_1 \\ \rho_1 & \rho_0 & \rho_2 \\ \rho_2 & \rho_1 & \rho_3 \end{vmatrix}}{\begin{vmatrix} \rho_0 & \rho_1 & \rho_2 \\ \rho_1 & \rho_0 & \rho_1 \\ \rho_2 & \rho_1 & \rho_0 \end{vmatrix}},$$

$$\vdots$$

由上易见，偏自相关系数是自相关系数的函数，而自相关系数取决于自回归模型的参数，从而偏自相关系数依赖于自回归模型的参数。在实际数据分析中，我们可以根据 k 阶回归模型，采用最小二乘法来得到估计值 $\hat{\phi}_{kk}$，或者利用 ϕ_{kk} 和自相关系数的关系以及样本自相关系数得到其估计值。可以证明：若 $\phi_{kk} = 0$，则有 $\sqrt{T} \hat{\phi}_{kk} \xrightarrow{d} N(0,1)$。因此，对于 AR$(p)$ 模型生成的数据，当 $k > p$ 时，有 $|\hat{\phi}_{kk}| < 1.96 / \sqrt{T}$。

2. 信息准则法

一般来讲，越复杂的模型(即阶数 p 越大)对数据的拟合程度越好。信息准则(information criterion，IC)法选择最优的阶数以平衡模型的拟合优度和模型的复杂度，即通过构造信息准则

$$\mathrm{IC}(k) = \log \frac{SSR(k)}{T} + C_T \frac{g}{T}, \tag{2.9}$$

并采用最小化该准则的 k 作为自回归模型的阶。这里 $SSR(k)$ 为 AR(k) 模型拟合的残差平方和，C_T 为一个与样本量 T 有关的量，g 为模型中刻画序列相依性的参数个数。在 AR(k) 模型中，$g = k$。常用的信息准则：Akaike 信息准则(AIC)取 $C_T = 2$，而 Schwarz-Bayesian 信息准则(BIC)取 $C_T = \log T$。

3. 模型诊断法

模型诊断是所有数据建模过程的必要构成部分。它通常通过检验模型的误差是否符合模型的基本假设来实现。对于自回归模型，其残差假设为白噪声序列，即没有序列相关性。记 $\hat{\rho}_l$ 为 AR(k) 模型拟合残差的 l 阶样本序列自相关系数。由 1.2.5 节可知，可以通过 Ljung-Box 统计量

$$Q_{\mathrm{LB}}(m) = T \cdot (T+2) \sum_{l=1}^{m} \frac{\hat{\rho}_l^2}{T-l}$$

来判断残差序列是否存在自相关性。然而值得强调的是，该统计量的极限分布需要进行自由度的调整。由于该统计量是基于估计的残差计算得到的，因此它近似服从 $\chi^2(m-g)$，其中 g 为模型中刻画序列相依性的参数个数。当 $Q_{\mathrm{LB}}(m)$ 大于 $\chi^2(m-k)$ 的上 5% 分位数时，我们认为残差存在序列相依性，从而 AR(k) 模型对数据的拟合并不能够完全提取出序列相依性。这时，需要增大 k 的值来进一步提取数据中的序列相依性，直至 $Q_{\mathrm{LB}}(m)$ 变得不显著。

例 2-1(AR 模型定阶)　（a）假设 y_t 服从 AR(2) 过程：$y_t = 1.2y_{t-1} - 0.35y_{t-2} + e_t$，其中 $e_t \sim$ i. i. d. $N(0,1)$。生成 $T=200$ 个观测值，并考虑分别用 PACF、AIC、BIC 和模型诊断法对自回归模型定阶。重复实验 100 次，并记录用上述方法准确定阶的次数。模拟数据表明，用 PACF、AIC、BIC 和模型诊断法准确定阶的次数分别为 71、72、93 和 92。易见，BIC 和模型诊断法具有较高的准确率。（b）采用上证指数从 2019 年 1 月 2 日到 2021 年 3 月 5 日的每天回报率来拟合 AR 模型，分别用 4 种方法进行定阶。PACF 选择的是 AR(6)，AIC、BIC 和模型诊断法选择的都是 AR(1)。

2.2.5　自回归模型预测

接下来考虑如何基于 AR(p) 模型对序列进行预测。首先考虑在时刻 h 对下一时刻的 r_{h+1} 进行一步向前预测。由

$$r_{h+1} = \phi_0 + \phi_1 r_h + \cdots + \phi_p r_{h+1-p} + a_{h+1},$$

得在给定时刻 h 时的所有信息 F_h 下的条件期望为

$$\hat{r}_h(1) = E(r_{h+1} \mid F_h) = \phi_0 + \sum_{i=1}^{p} \phi_i r_{h+1-i},$$

即均方误差损失函数下的最优预测。其预测误差为

$$e_h(1) = r_{h+1} - \hat{r}_h(1) = a_{h+1},$$

其方差为

$$\mathrm{Var}[\,e_h(1)\,]=\mathrm{Var}(a_{h+1})=\sigma_a^2.$$

接下来考虑两步向前预测。由

$$r_{h+2}=\phi_0+\phi_1 r_{h+1}+\cdots+\phi_p r_{h+2-p},$$

得在给定时刻 h 时的所有信息 F_h 下的条件期望为

$$\hat{r}_h(2)=E(r_{h+2}\mid F_h)=\phi_0+\phi_1\hat{r}_h(1)+\phi_2 r_h+\cdots+\phi_h r_{h+2-p},$$

即均方误差损失函数下的最优预测。其预测误差为

$$e_h(2)=r_{h+2}-\hat{r}_h(2)=a_{h+2}+\phi_1 a_{h+2},$$

其方差为

$$\mathrm{Var}[\,e_h(2)\,]=(1+\phi_1^2)\sigma_a^2\geqslant\mathrm{Var}[\,e_h(1)\,].$$

因此两步向前预测的不确定性比一步向前预测大。

类似地，可以得到 l 步向前预测的结果。由

$$r_{h+l}=\phi_0+\phi_1 r_{h+l+1}+\cdots+\phi_p r_{h+l-p}+a_{h+l},$$

得在给定时刻 h 时的所有信息 F_h 下的条件期望为

$$\hat{r}_h(l)=\phi_0+\sum_{i=1}^{p}\phi_i\hat{r}_h(l-i)\xrightarrow{\ P\ }E(r_t),\quad l\to\infty, \tag{2.10}$$

其中，$\hat{r}_h(i)=r_{h+i}$，当 $i\leqslant 0$ 时成立。其预测误差为 $e_h(l)=r_{h+l}-\hat{r}_h(l)$。

例 2-2(AR 模型预测)　(a)针对例 2-1 中的模拟数据，我们用 AR(2)模型进行预测，图 2-3 展示了最后 10 步的预测值和置信区间。图中虚线显示的是实际值，实线显示的是预测值，灰色区域显示的是 95%的置信区间。(b)针对例 2-1 中的上证指数回报率，我们用 BIC 选出的 AR(1)模型进行预测。20 步向前的预测结果如图 2-4 所示。

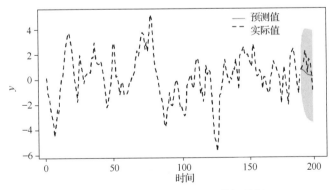

图 2-3　AR(2)模型的预测：模拟数据

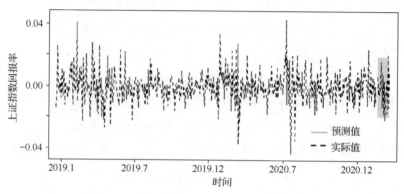

图 2-4　AR(1)模型的预测：上证指数回报率

2.3　滑动平均模型

滑动平均模型刻画的是在滑动窗口下将白噪声序列取平均表示的时间序列。顾名思义，滑动平均模型可以看成白噪声序列在一定的滑动窗口长度下的简单加权平均。滑动窗口的长度即滞后的白噪声序列的阶数，它被称为滑动平均模型的阶。

滑动平均模型的一个重要作用是采用简单的模型结构刻画复杂的序列相依性。如果采用前面介绍的自回归模型，则序列相依性的刻画可能需要非常高的阶数。考虑一个无穷阶的自回归模型

$$r_t = \phi_0 + \phi_1 r_{t-1} + \phi_2 r_{t-2} + \cdots + a_t.$$

该模型具有无穷多个参数，故而在有限数据的建模约束下无法适用。但是，如果上述参数之间存在一定的关联，如 $\phi_k = -\theta_1^k$，则有

$$r_t = \phi_0 - \theta_1 r_{t-1} - \theta_1^2 r_{t-2} - \cdots + a_t.$$

由此可得

$$r_t + \theta_1 r_{t-1} + \theta_1^2 r_{t-2} + \cdots = \phi_0 + a_t, \tag{2.11}$$

$$r_{t-1} + \theta_1 r_{t-2} + \theta_1^2 r_{t-3} + \cdots = \phi_0 + a_{t-1}. \tag{2.12}$$

(2.11)式减去(2.12)式乘以 θ_1，可得

$$r_t = \phi_0(1 - \theta_1) + a_t - \theta_1 a_{t-1}.$$

该模型即一阶滑动平均模型。此表述比无穷阶自回归模型的表述简洁，更便于实际数据的建模和分析。

下面逐一介绍一阶、二阶和 q 阶滑动平均模型，以及滑动平均模型阶的确定和滑动平均模型预测。

2.3.1　一阶滑动平均模型

一阶滑动平均模型（MA(1)）设定如下：

$$r_t = c_0 + a_t - \theta_1 a_{t-1} = c_0 + (1 - \theta_1 B) a_t. \tag{2.13}$$

其中，a_t 为方差 σ_a^2 的白噪声序列，c_0 和 θ_1 为模型参数。

由模型(2.13)式易得

$$E(r_t) = c_0, \quad \mathrm{Var}(r_t) = (1 + \theta_1^2) \sigma_a^2.$$

这里用到了 $\mathrm{Cov}(a_{t-1}, a_t) = 0$。

下面计算 r_t 的自协方差和自协相关系数。对任意正整数 l，有

$$\mathrm{Cov}(r_t, r_{t-l}) = \mathrm{Cov}(a_t - \theta_1 a_{t-1}, a_{t-l} - \theta_1 a_{t-l-1})$$
$$= -\theta_1 \mathrm{Cov}(a_{t-1}, a_{t-l}),$$

即有

$$\gamma_1 = -\theta_1 \sigma_a^2, \gamma_l = 0, \quad l > 1.$$

从而易得

$$\rho_0 = 1, \quad \rho_1 = \frac{-\theta_1}{1 + \theta_1^2}, \quad \rho_l = 0, \quad l > 1. \tag{2.14}$$

因此，一阶滑动平均模型的自协相关系数在一阶处出现截断。另外，该过程的均值、方差和自协方差均不依赖于时间，是一个平稳过程。

2.3.2　二阶滑动平均模型

二阶滑动平均模型（MA(2)）设定如下：

$$r_t = c_0 + a_t - \theta_1 a_{t-1} - \theta_2 a_{t-2} = c_0 + (1 - \theta_1 B - \theta_2 B^2) a_t. \tag{2.15}$$

其中，a_t 为方差 σ_a^2 的白噪声序列，c_0、θ_1 和 θ_2 为模型参数。

由模型(2.15)式易得

$$E(r_t) = c_0, \quad \mathrm{Var}(r_t) = (1 + \theta_1^2 + \theta_2^2) \sigma_a^2.$$

这里用到了 $\mathrm{Cov}(a_{t-l}, a_t) = 0, \quad \forall l > 1$。

下面计算 r_t 的自协方差和自协相关系数。对任意正整数 l，有

$$\mathrm{Cov}(r_t, r_{t-l}) = \mathrm{Cov}(a_t - \theta_1 a_{t-1} - \theta_2 a_{t-2}, a_{t-l} - \theta_1 a_{t-l-1} - \theta_2 a_{t-l-2})$$
$$= -\theta_1 \mathrm{Cov}(a_{t-1}, a_{t-l}) + \theta_1 \theta_2 \mathrm{Cov}(a_{t-2}, a_{t-l-1}) - \theta_2 \mathrm{Cov}(a_{t-2}, a_{t-l}),$$

即有

$$\gamma_1 = (-\theta_1 + \theta_1\theta_2)\sigma_a^2, \quad \gamma_2 = -\theta_2\sigma_a^2, \quad \gamma_l = 0, \quad l > 2.$$

从而易得

$$\rho_0 = 1, \quad \rho_1 = \frac{-\theta_1 + \theta_1\theta_2}{1 + \theta_1^2 + \theta_2^2}, \quad \rho_2 = \frac{-\theta_2}{1 + \theta_1^2 + \theta_2^2}, \quad \rho_l = 0, \quad l > 2. \tag{2.16}$$

因此，二阶滑动平均模型的自协相关系数在二阶处出现截断。另外，该过程的均值、方差和自协方差均不依赖于时间，是一个平稳过程。

2.3.3 q 阶滑动平均模型

q 阶滑动平均模型（MA(q)）设定如下：

$$r_t = c_0 + a_t - \theta_1 a_{t-1} - \cdots - \theta_q a_{t-q} = c_0 + (1 - \theta_1 B - \cdots - \theta_q B^q) a_t. \tag{2.17}$$

其中，a_t 为方差 σ_a^2 的白噪声序列，$c_0, \theta_1, \cdots, \theta_q$ 为模型参数。

由模型（2.17）式易得

$$E(r_t) = c_0, \quad \mathrm{Var}(r_t) = (1 + \theta_1^2 + \cdots + \theta_q^2)\sigma_a^2.$$

这里用到了 $\mathrm{Cov}(a_{t-l}, a_t) = 0, \ \forall l \geq 1$。

下面计算 r_t 的自协方差和自协相关系数。对任意正整数 l，有

$$\mathrm{Cov}(r_t, r_{t-l}) = \mathrm{Cov}(a_t - \theta_1 a_{t-1} - \cdots - \theta_q a_{t-q}, a_{t-l} - \theta_1 a_{t-l-1} - \cdots - \theta_2 a_{t-l-q}),$$

即有

$$\gamma_l = \begin{cases} (-\theta_l + \theta_1\theta_{l+1} + \cdots + \theta_{q-l}\theta_q)\sigma_a^2, & l = 1, \cdots, q, \\ 0, & l > q. \end{cases}$$

从而易得

$$\rho_l = \begin{cases} \dfrac{-\theta_l + \theta_1\theta_{l+1} + \cdots + \theta_{q-l}\theta_q}{1 + \theta_1^2 + \cdots + \theta_q^2}, & l = 1, \cdots, q, \\ 0, & l > q. \end{cases} \tag{2.18}$$

因此，q 阶滑动平均模型的自相关系数在 q 阶处出现截断。另外，该过程的均值、方差和自协方差均不依赖于时间，是一个平稳过程。

当滑动平均模型的阶 q 趋于无穷时，该模型被称为无穷阶滑动平均模型，记为 MA(∞)。

当 $\sum_{l=0}^{\infty} \theta_l^2 < \infty$ 时，该过程协方差平稳。另外易证，当 $\sum_{l=0}^{\infty} |\theta_l| < \infty$ 时，上述条件成立，且该过程均值遍历(见 Hamilton 1994，pp. 52)。

2.3.4　滑动平均模型定阶

与自回归模型的定阶类似，滑动平均模型的定阶同样可以采用 3 种方法。其中信息准则法和模型诊断法的运用和前述步骤完全相同，故不赘述。下面介绍利用样本自相关系数来定阶的方法。

2-2　滑动平均
模型定阶

由于 q 阶滑动平均模型的自相关系数在 q 阶处出现截断，故可利用此性质来确定滑动平均模型的阶。当样本自相关系数比较小时，我们判定其不显著。具体地，若 $\rho_l = 0$，则有 $\sqrt{T} \hat{\rho}_l \sim N(0,1)$。因此，对于 MA (q) 模型生成的数据，当 $l > q$ 时，有 $|\hat{\rho}_l| < 1.96/\sqrt{T}$。

例 2-3(MA 模型定阶)　(a)假设 y_t 服从 MA(2)过程：$y_t = e_t + 0.5e_{t-1} + 0.5e_{t-2}$，其中 $e_t \sim$ i. i. d. $N(0,1)$。生成 $T = 200$ 个观测值，并考虑分别用 ACF、AIC、BIC 和模型诊断法对滑动平均模型定阶。我们重复实验 100 次，并记录用上述方法准确定阶的次数。模拟数据表明，用 PACF、AIC、BIC 和模型诊断法准确定阶的次数分别为 87、66、100 和 96。易见，BIC 和模型诊断法具有较高的准确率。(b)采用上证指数从 2019 年 1 月 2 日到 2021 年 3 月 5 日的每天回报率来拟合 MA 模型，分别用 4 种方法进行定阶。PACF 选择的是 MA(6)，AIC、BIC 和模型诊断法选择的都是 MA(1)。

2.3.5　滑动平均模型预测

我们仅以 MA(1)模型为例，介绍基于 MA(1)模型对序列的未来取值进行预测。一般的 MA(q)模型的预测可以类似地得到。

首先考虑在时刻 h 对下一时刻的 r_{h+1} 进行一步向前预测。由

$$r_{h+1} = c_0 + a_{h+1} - \theta_1 a_h,$$

得在给定时刻 h 时的所有信息 F_h 下的条件期望为

$$\hat{r}_h(1) = E(r_{h+1} \mid F_h) = c_0 - \theta_1 a_h,$$

即均方误差损失函数下的最优预测。其预测误差为

$$e_h(1) = r_{h+1} - \hat{r}_h(1) = a_{h+1},$$

其方差为

$$\mathrm{Var}[e_h(1)] = \sigma_a^2.$$

接下来考虑两步向前预测。由

$$r_{h+2} = c_0 + a_{h+2} - \theta_1 a_{h+1},$$

得在给定时刻 h 时的所有信息 F_h 下的条件期望为

$$\hat{r}_h(2) = E(r_{h+1} \mid F_h) = c_0,$$

即均方误差损失函数下的最优预测。其预测误差为

$$e_h(2) = r_{h+2} - \hat{r}_h(2) = a_{h+2} - \theta_1 a_{h+1},$$

其方差为

$$\mathrm{Var}[e_h(2)] = (1 + \theta_1^2)\sigma_a^2.$$

同样，两步向前预测的不确定性比一步向前预测的大。

类似地，可以得到 l 步向前预测 $\hat{r}_h(l) = c_0$，$l \geq 2$。

例 2-4（MA 模型预测）　（a）针对例 2-3 中的模拟数据，我们用 MA(2) 模型进行预测，图 2-5 展示了最后 10 步的预测值和置信区间。图中虚线显示的是实际值，实线显示的是预测值，灰色区域显示的是 95% 的置信区间。（b）针对例 2-3 中的上证指数回报率，我们用 BIC 选出的 MA(1) 模型进行预测。20 步向前的预测结果如图 2-6 所示。

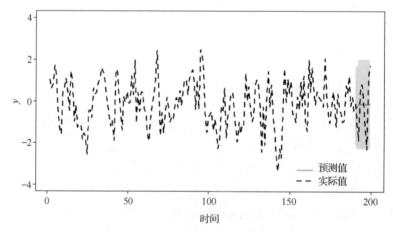

图 2-5　MA(2) 模型的预测：模拟数据

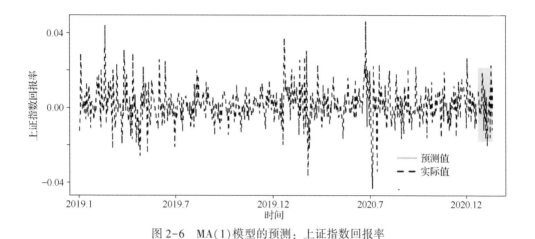

图 2-6 MA(1)模型的预测：上证指数回报率

2.4 自回归滑动平均模型

自回归滑动平均模型将自回归模型和滑动平均模型进行结合，以非常简洁的模型形式来刻画复杂的序列相依性。下面介绍简单的自回归滑动平均模型，以及自回归滑动平均模型阶的确定和自回归滑动平均模型预测。

2.4.1 简单自回归滑动平均模型

简单自回归滑动平均模型设定如下：

$$r_t = \phi_0 + \sum_{i=1}^{p} \phi_i r_{t-i} + a_t - \sum_{j=1}^{q} \theta_j a_{t-j}, \tag{2.19}$$

其中，a_t 为方差 σ_a^2 的白噪声序列，c_0，$\phi_i(i=1,2,\cdots,p)$，$\theta_j(j=1,2,\cdots,q)$ 为模型参数。这里 $\sum_{i=1}^{p} \phi_i r_{t-i}$ 为自回归部分，$\sum_{j=1}^{q} \theta_j a_{t-j}$ 为滑动平均部分。它通常被简记为 ARMA(p,q) 模型，其中，p 和 q 为模型的阶。

采用滞后算子，该模型可以表示为

$$(1-\phi_1 B-\cdots-\phi_p B^p) r_t = \phi_0 + (1-\theta_1 B-\cdots-\theta_q B^q) a_t.$$

为了模型表示的简洁，我们要求左右两个多项式没有共同的根。在常用的模型中，p 和 q 取值为 0,1,2,3。

下面具体介绍 ARMA$(1,1)$模型，即

$$r_t - \phi_1 r_{t-1} = \phi_0 + a_t - \theta_1 a_{t-1}.$$

其中，$\phi_1 \neq \theta_1$。否则，该模型可以退化为 $r_t = \phi_0 + a_t$。

对其两边同求期望，易得

$$E(r_t) = \mu = \frac{\phi_0}{1-\phi_1}.$$

其期望与该模型所包含的 AR 模型相同。

当 $|\phi_1| < 1$ 时，可得

$$\mathrm{Var}(r_t) = \frac{1-2\phi_1\theta_1+\theta_1^2}{1-\phi_1^2}.$$

简单地推导可得，该序列的自相关函数为

$$\rho_1 = \phi_1 - \frac{\theta_1\sigma_a^2}{\gamma_0}, \ 且\ \rho_l = \phi_1\rho_{l-1}, l>1. \tag{2.20}$$

故该序列的自协相关系数从第 2 阶开始，呈现出指数衰减的特征，未出现截断。也可证明，该序列的偏自协相关系数也没有截断的特征。

2.4.2　自回归滑动平均模型定阶

和 AR 模型和 MA 模型类似，ARMA 模型的定阶可以采用前述的信息准则法和模型诊断法来进行。然而，由于其自相关系数和偏自相关系数都没有截断的特征，因此这两种方法都无法帮助我们确定 ARMA 模型的阶。下面，介绍 Tsay 和 Tiao（1984）提出的基于拓展的自相关函数（extended autocorrelation function，EACF）来定阶的方法。其具体原理见原论文，这里只阐述基于 R 语言的具体定阶的方法。

2-3　自回归滑动平均模型定阶

理论 EACF 值对应的是一个双向表格，每一行对应 AR 的阶，每一列对应 MA 的阶。如表 2-1 所示，该 EACF 简化表对应的是 ARMA$(1,1)$。表 2-1 中有 3 种符号出现，即 X、O 和 *。其中 X 表示该处计算得到的 EACF 值不为 0，O 表示该 EACF 值为 0，* 表示该处的 EACF 有可能为 0 或不为 0。特别的，对 ARMA$(1,1)$模型而言，O 所形成的区域是一个三角形，其顶点位置刚好落在$(1,1)$处，由一条水平线和一条 45°线构成。该三角形区域的所有元素都是 O。同理，ARMA(p,q)模型也会出现同样的由 O 构成的三角形区域，且其顶点位置落在(p,q)处。

表 2-1　ARMA(1,1)的理论 EACF 简化表

AR 阶数：p	MA 阶数：q							
	0	1	2	3	4	5	6	7
0	x	x	x	x	x	x	x	x
1	x	o	o	o	o	o	o	o
2	*	x	o	o	o	o	o	o
3	*	*	x	o	o	o	o	o
4	*	*	*	x	o	o	o	o
5	*	*	*	*	x	o	o	o
6	*	*	*	*	*	x	o	o
7	*	*	*	*	*	*	x	o

　　由于理论 EACF 值依赖于模型的真实参数，故而在进行真实数据分析时无法计算得到。按照 Tsay 和 Tiao 提出的方法，我们可以计算其样本估计值，即样本拓展的自相关函数（sample extended autocorrelation function，SEACF）。基于 SEACF 的分布性质，可以对其对应的 EACF 进行假设检验，从而判定对应的值是否为 0，即应该是 X 还是 O。下面举例说明其具体应用方法。

　　假设 x_t 服从 ARMA(1,1)过程，$x_t + 0.5x_{t-1} = e_t + 0.5e_{t-1}$，其中 $e_t \sim$ i. i. d. $N(0,1)$。生成 200 个数据，计算出其 SEACF 的值如表 2-2 所示。对表 2-2 中的 EACF 进行假设检验，得到 SEACF 简化表如表 2-3 所示。

表 2-2　ARMA(1,1)的 SEACF 的值

AR 阶数：p	MA 阶数：q							
	0	1	2	3	4	5	6	7
0	0.71	0.38	0.21	0.07	-0.06	-0.15	-0.16	-0.12
1	0.33	-0.05	0.12	0.08	-0.07	-0.12	-0.11	0.10
2	0.40	0.07	0.09	0.10	0.01	-0.01	-0.10	0.07
3	0.49	-0.25	0.23	0.07	0.07	0.00	-0.13	0.01
4	-0.40	-0.11	0.17	0.01	0.00	0.01	-0.13	-0.03
5	-0.49	-0.28	0.17	0.00	-0.05	0.04	-0.10	0.06
6	0.09	0.36	-0.15	-0.02	-0.28	-0.15	-0.01	0.10
7	-0.13	0.06	-0.13	0.04	-0.43	-0.17	0.01	0.04

表 2-3 ARMA(1,1) 的 SEACF 简化表

AR 阶数: p	MA 阶数: q							
	0	**1**	**2**	**3**	**4**	**5**	**6**	**7**
0	x	x	x	o	o	x	x	o
1	x	o	o	o	o	o	o	o
2	x	o	o	o	o	o	o	o
3	x	x	x	o	o	o	o	o
4	x	x	o	o	o	o	o	o
5	x	x	x	o	o	o	o	o
6	o	x	x	o	x	x	o	o
7	o	o	o	o	x	x	o	o

由表 2-3 可以得出, 以 (1,1) 为顶点的三角形中所有 EACF 值都为 0, 符合 ARMA(1,1) 的理论 EACF 值的特征。

例 2-5(ARMA 模型定阶) (a) 假设 y_t 服从 ARMA(1,2) 过程: $y_t = 0.5y_{t-1} + e_t + 0.5e_{t-1} + 0.5e_{t-2}$, 其中 $e_t \sim$ i. i. d. $N(0,1)$。生成 $T = 200$ 个观测值, 并考虑分别用 EACF、AIC、BIC 和模型诊断法对滑动平均模型定阶。我们重复实验 100 次, 并记录用上述方法准确定阶的次数。模拟数据表明, 用 EACF、AIC、BIC 和模型诊断法准确定阶的次数分别为 27、40、93 和 81。易见, BIC 和模型诊断法具有较高的准确率。(b) 采用上证指数从 2019 年 1 月 2 日到 2021 年 3 月 5 日的每天回报率来拟合 ARMA 模型, 分别用 4 种方法进行定阶。EACF 选择的是 ARMA(3,1), AIC、BIC 和模型诊断法选择的都是 ARMA(1,1)。

2.4.3 自回归滑动平均模型预测

首先考虑在时刻 h 对下一时刻的 r_{h+1} 进行一步向前预测。由

$$r_{t+h} = \phi_0 + \sum_{i=1}^{p} \phi_i r_{t+h-i} + a_t - \sum_{j=1}^{q} \theta_j a_{t+h-j}$$

可知, 在给定时刻 h 时的所有信息 F_h 下的条件期望为

$$\hat{r}_h(1) = E(r_{h+1} \mid F_h) = \phi_0 + \sum_{i=1}^{p} \phi_i r_{h+1-i} - \sum_{j=1}^{q} \theta_j a_{h+1-j},$$

即均方误差损失函数下的最优预测。其预测误差为

$$e_h(1) = r_{h+1} - \hat{r}_h(1) = a_{h+1},$$

其方差为

$$\mathrm{Var}[e_h(1)] = \sigma_a^2.$$

类似地，可以得到 l 步向前预测，即在给定时刻 h 时的所有信息 F_h 下的条件期望为

$$\hat{r}_h(l) = E(r_{h+l} \mid F_h) = \phi_0 + \sum_{i=1}^{p} \phi_i \hat{r}_h(l-i) - \sum_{j=1}^{q} \theta_j a_h(l-j),$$

其中，

$$\hat{r}_h(l-i) = \begin{cases} \hat{r}_h(l-i), & l>i, \\ r_{h+l-i}, & l \leqslant i, \end{cases}$$

$$a_h(l-j) = \begin{cases} 0, & l>j, \\ a_{h+l-j}, & l \leqslant j. \end{cases}$$

这里 $a_1, \cdots, a_h$ 由观测数据在给定 $a_1 = \cdots = a_q = 0$ 下，迭代获得。

例 2-6(ARMA 模型预测)　(a)针对例 2-5 中的模拟数据，我们用 ARMA(1,2)模型进行预测，图 2-7 展示了最后 10 步的预测值和置信区间。图中虚线显示的是实际值，实线显示的是预测值，灰色区域显示的是 95% 的置信区间。(b)针对例 2-5 中的上证指数回报率，我们用 BIC 选出的 ARMA(1,1)模型进行预测。20 步向前的预测结果如图 2-8 所示。

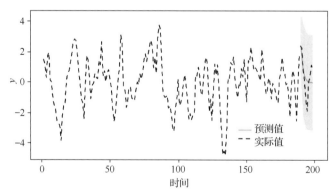

图 2-7　ARMA(1,2)模型的预测：模拟数据

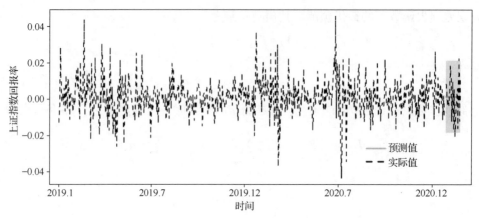

图 2-8 ARMA(1,1)模型的预测：上证指数回报率

2.5 线性时间序列建模指南

前面介绍了刻画线性时间序列的自回归模型、滑动平均模型和自回归滑动平均模型，它们都可以刻画复杂的序列相依性。然而，在实际的数据分析中，我们该如何选择恰当的模型呢？基于 Wold(1938)表示定理，我们将阐述它在实际建模中带给我们的启示，并介绍 Box 和 Jenkins(1976)受该建模思想启发所提出的具体实现步骤。

2.5.1 线性时间序列建模思想

下面介绍著名的 Wold 表示定理。根据 Wold(1938)证明的结果可知，任何一个零均值协方差平稳过程 Y_t 均可以表示为

$$Y_t = \sum_{j=1}^{\infty} \psi_j \varepsilon_{t-j} + \kappa_t. \tag{2.21}$$

其中，$\psi_0 = 1$，$\sum_{j=1}^{\infty} \psi_j^2 < \infty$，$\varepsilon_t$ 为白噪声序列且表示基于 Y 的滞后项线性预测 Y_t 时的误差，即

$$\varepsilon_t \equiv Y_t - \hat{E}(Y_t \mid Y_{t-1}, Y_{t-2}, \cdots). \text{(线性不确定性项)}$$

而 κ_t 则与 $\varepsilon_{t-j}(\forall j)$ 不相关，且 κ_t 可以通过 Y 的历史观测值的线性函数任意精度地准确预测，即

$$\kappa_t = \hat{E}(\kappa_t \mid Y_{t-1}, Y_{t-2}, \cdots). \quad (\text{线性确定性项})$$

由 Wold 表示定理可知，任何协方差平稳的时间序列都可以采用线性时间序列来进行建模。然而，(2.21)式涉及无穷多个参数$(\psi_1, \psi_2, \cdots)$，在实践中难以实现。在实际数据分析中，我们需要对这里的参数做出一些结构性假设来减少模型的参数。

一个常用的假设是$\psi(L)$可以表示成两个有限阶的多项式的比值：

$$\sum_{j=0}^{\infty} \psi_j L^j = \frac{\theta(L)}{\phi(L)} = \frac{1 + \theta_1 L + \theta_2 L^2 + \cdots + \theta_q L^q}{1 - \phi_1 L - \phi_2 L^2 - \cdots - \phi_p L^p}.$$

也就是说，可以采用 ARMA(p,q)模型来近似刻画该平稳时间序列。这样，原本需要无穷个参数刻画的序列相依性，现在只需要$p+q$个参数来实现。这也符合在实际数据建模中的一个基本指导准则——KISS(keep it sophisticatedly simple)原则。在拟合数据时，往往越复杂的模型对数据拟合的程度越好。但是也可能只是抓取了观测数据的随机特征，从而在样本外进行预测时，表现却没有简单的模型准确和稳健。因此，在进行实际建模和预测时，简单的模型一般会受到青睐。

2.5.2　线性时间序列建模步骤

结合上述的平稳时间序列的表示定理和基本建模思想，Box 和 Jenkins(1976)建议按照下列步骤进行时间序列数据建模。

第 1 步：对数据进行变换，以确保数据(近似)满足平稳性假设。

第 2 步：为上述变换后的数据建立 ARMA(p,q)模型，猜测p和q合理的取值(初值或取值范围)。

2-4　线性时间序列
建模

第 3 步：估计上述 ARMA(p,q)模型中的参数。

第 4 步：对上述模型进行模型诊断，以判断模型设定是否和数据特征相匹配。

第 5 步：如果模型不能通过诊断，则重新猜测p和q的值，并重复第 3~4 步，直至模型能够通过模型诊断。

在第 1 步中，常用的数据变换包括差分($\Delta Y_t = Y_t - Y_{t-1}$)、对数差分($\Delta \log Y_t = \log Y_t - \log Y_{t-1}$)等。常见的数据通过(多重)差分或者对数差分，都可以转化成为平稳时间序列。一些带有季节性的数据，可以通过 X-13 进行季节调整。另外，一些具有确定性时间趋势的数据，可以对时间进行回归以去掉趋势性。对于我国和美国的主要宏观和金融数据需要进行的平稳化变换，参见王振中、陈松蹊和涂云东(2022)以及 Stock 和 Watson(2002)。

在第 2 步中，常用的 p 和 q 的取值通常较小，如 0, 1, 2, 3。这里 KISS 原则同样适用。第 3 步中对模型参数的估计，通常采用极大似然估计法实现。在时间序列模型中，由于存在序列相依性，因此推导出观测数据的联合密度函数通常是非常复杂的过程。常见的 AR、MA、ARMA 模型的极大似然估计过程及其理论性质，参见 Hamilton(1994) 的第 5 章。

第 4 步中的模型诊断包括利用 Ljung-Box 检验来检测估计误差是否为白噪声，以及估计误差的分布是否符合在构造极大似然估计时所设定的分布、是否具有异方差等。我们将在 2.6 节中结合实际数据具体阐述上述的建模步骤。

2.6 案例分析

本节以我国 CPI 数据为例，介绍时间序列数据的 ARMA 建模基本步骤。为此，我们选取了 1993 年 1 月至 2020 年 12 月的中国 CPI 月度数据(数据来源：国家统计局)。原始数据的时序图如图 2-9 所示。

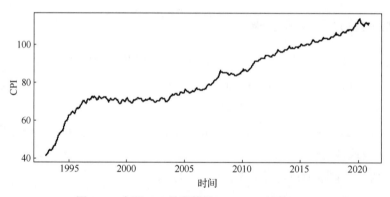

图 2-9　中国 CPI 月度数据(1993.1—2020.12)

从图 2-9 中不难看出，该序列非平稳，具有随机增长趋势，且具有一定的周期性。

下面进行数据平稳性处理，对数据取对数再差分。经过处理后的数据的时序图如图 2-10 所示。由图 2-10 也可看出，2000 年后的数据没有任何趋势性的特征。

仔细观察，我们仍可发现数据有一定的季节性特征。于是，我们通过 X-13 对数据进行季节性处理，去除数据中的季节性。处理后的数据的时序图如图 2-11 所示。

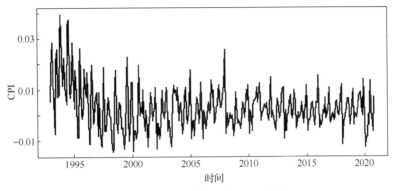

图 2-10 对数差分后的中国 CPI 月度数据

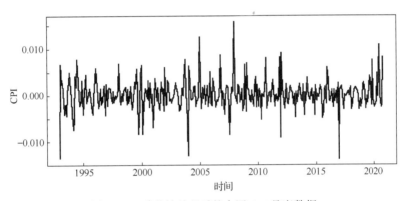

图 2-11 季节性处理后的中国 CPI 月度数据

进行季节性处理后的 CPI 数据看起来比较符合平稳数据的特征。因此,我们考虑对该数据进行建模。首先用简单的 AR 模型拟合数据,并用 BIC 进行模型定阶。经过模型选择,确定的模型是 AR(5),其具体估计结果如下:

$$y_t = -0.14y_{t-1} - 0.20y_{t-2} - 0.25y_{t-3} - 0.15y_{t-4} - 0.19y_{t-5} + e_t.$$

随后,利用 MA 模型拟合数据,并用 BIC 进行定阶。经过模型选择,最终确定的模型是 MA(3),其具体估计结果如下:

$$y_t = e_t - 0.15e_{t-1} - 0.19e_{t-2} - 0.22e_{t-3}.$$

接下来,利用 ARMA 模型拟合数据,并用 BIC 进行定阶。最终确定的模型是 ARMA(2,2),其具体估计结果如下:

$$y_t - 1.27y_{t-1} + 0.62y_{t-2} = e_t - 1.43e_{t-1} + 0.59e_{t-2}.$$

为了比较上述模型在预测中的表现，我们对中国 CPI 序列的最后 20 个数据进行 1 步向前预测。同时，对比均值预测、朴素预测、滑动平均预测和指数平滑预测的结果。这里采用预测偏差（bias）、均方根误差（root mean square error，RMSE）以及平均绝对误差（mean absolute error，MAE）来衡量不同预测方法的准确性，如表 2-4 所示。

表 2-4　中国 CPI 月度数据的 1 步向前预测精度

	bias	RMSE	MAE
AR(5)	0.10	0.40	0.29
MA(3)	0.10	0.40	0.29
ARMA(2,2)	0.10	0.40	0.29
均值预测	0.09	0.41	0.29
朴素预测	-0.17	0.43	0.40
滑动平均预测	0.02	0.45	0.37
指数平滑预测	0.09	0.41	0.30

由表 2-4 可知，这些模型的样本外预测精度非常接近。滑动平均预测的偏差最小。AR、MA 和 ARMA 模型的 RMSE 最小，但是和其他方法的区别不大。此外，这些模型和均值预测的 MAE 最小，且比朴素预测明显小很多。关于中国 CPI 建模的系统性研究，详见王振中、陈松蹊和涂云东（2022）。

习题

1. 什么是线性时间序列过程？它如何刻画序列相依性？它在现实建模中如何应用？

2. 什么是自回归时间序列？阐述其平稳的条件。

3. 下列自回归过程是否平稳？若平稳，则计算其均值和方差，以及自相关函数。

(1) $r_t = 3 + 0.95 r_{t-1} + a_t$；　　　　(2) $r_t = 1 + 1.05 r_{t-1} + a_t$；

(3) $r_t = 0.8 r_{t-1} + 0.2 r_{t-2} + a_t$；　　　(4) $r_t = -0.9 r_{t-1} - 0.45 r_{t-2} + a_t$.

4. 下列滑动平均过程是否可逆? 若可逆, 则求出其可逆表示; 计算其均值和方差, 以及自相关函数(注: 滑动平均过程可逆是指其扰动项可以表示为历史观测值的函数)。

(1) $r_t = 3 + 0.95 a_{t-1} + a_t$;　　　　(2) $r_t = 1 + 1.05 a_{t-1} + a_t$;

(3) $r_t = 0.8 a_{t-1} + 0.2 a_{t-2} + a_t$;　　(4) $r_t = -0.9 a_{t-1} - 0.45 a_{t-2} + a_t$.

5. 计算题 3 中时间序列的 PACF。

6. 计算题 4 中时间序列的 PACF。

7. 名词解释:

(1) ACF;　　　　　　　　(2) PACF;

(3) EACF;　　　　　　　 (4) 信息准则;

(5) 模型诊断。

8. 数据建模与分析。

(1) 建立中国股票指数(以上证指数为例)回报率的 ARMA 模型。

(2) 建立美国股票指数(以 NASDAQ 指数为例)回报率的 ARMA 模型。

(3) 比较所建立的模型在两个序列的预测上的表现。

第**3**章　单位根时间序列模型

本章导读

什么是单位根时间序列？它在经济学和金融学中有哪些重要的应用？单位根时间序列有哪些独特的统计特征？如何判断时间序列是否是单位根时间序列？本章通过对上述问题进行回答，介绍单位根时间序列在经济学和金融学中的重要应用。

3.1　单位根举例

单位根（unit root）过程刻画了大量的经济学和金融学中重要变量动态变化的规律。下面以 3 个例子来对单位根过程的特征进行讲解。

3.1.1　醉汉

我们首先来讲一个生活中的例子。如果细心观察，你可能就会发现醉汉难以控制自己的重心和步伐，走起路来摇摇晃晃，时而前行，时而后退，连每一步也大小迥异，让人难以预测他下一步会在什么位置，这种现象被称作"随机游走"。

如果将醉汉的移动模型化，即假设他能够在一条直线上移动，则所得的模型特别简单。记 y_t 为时刻 t 醉汉所在的位置，那么在下一时刻 $t+1$ 他的位置可以表示为 $y_{t+1}=y_t+u_t$。这里 u_t 为从时刻 t 到 $t+1$ 醉汉的移动量，它的取值可正（向前移动）可负（向后移动）。为了刻画移动的随机性，不妨假设 u_t 为一个随机变量，如 $u_t \sim N(0,\sigma^2)$。一般地，u_t 在时间上具有独立性。这个模型就是随机游走模型，它是最简单的单位根过程。

3.1.2　股票价格

在金融学中，股票的价格是股东、股民、债券公司等金融机构、宏观经济学家们，乃至政府机构都普遍关心的重要金融指标。股票价格的波动一方面反映了发行公司的业绩表现，另一方面也反映了市场对它的预期。同时，它也是宏观经济运行状况的"晴雨表"。因此，预测股票的价格成了学术研究和债券公司等各大机构的重要研究课题。

在金融学的理论研究中，有一个关于股票市场的重要假说——有效市场假说(efficient market hypothesis)。该假说由诺贝尔奖得主 Fama 在 1970 年提出并深化。按照有效市场假说，在完备的(法律健全、功能良好、透明度高、竞争充分)股票市场中，一切有价值的信息(包括企业当前和未来的价值)已经及时、准确、充分地反映在股价走势中，除非存在市场操纵，否则投资者不可能通过分析以往价格获得高于市场平均水平的超额利润。该假说的数学含义为：在给定历史信息下，股票的平均超额利润为 0。若以 y_t 记作 t 时刻股票的价格，则收益 $r_{t+1} = y_{t+1} - y_t$ 在给定 t 时刻所有的信息 I_t 下，期望值为 0，即 $E(r_{t+1} \mid I_t) = 0$。数学上我们称 r_t 为**鞅差**过程，或者等价地，称 y_t 为**鞅**过程。它可以表示为 $y_{t+1} = \mu_y + y_t + u_t$，$u_t$ 为一个白噪声序列。这一过程也被称为带漂移项(μ_y)的随机游走，是一类特殊的单位根过程。

3.1.3　消费

在宏观经济的研究中，消费是 GDP 的重要构成部分，也是拉动经济增长的"三驾马车"之一。经济学中关于消费有个著名的理论——消费平滑理论，即消费者为了避免生活水平的波动，而将现在的消费调整到预期未来不需要再改变的消费水平。Hall(1978)将这一理论用鞅过程进行描述。具体地，令 z_t 表示宏观经济变量的集合(如货币供给、GDP 等)，c_t 表示 t 期的消费，则有 $E(c_t \mid z_{t-1}, z_{t-2}, \cdots, z_1) = c_{t-1}$。该理论也可以表示为 $c_{t+1} = c_t + u_t$，u_t 为一个鞅差序列。它也是一类特殊的单位根过程。

3.2　自回归模型的统计推断

由 3.1 节的举例可知，单位根过程是一类特殊的自回归过程。单位根过程可以表示为 $(1 - \rho B) y_t = \phi_0 + u_t$，其中，$\rho = 1$。由于此时 $1 - \rho z = 0$ 的根 $z = 1/\rho$ 落在单位圆(unit circle)上，因此该过程得名单位根过程。而当 $|\rho| < 1$ 时，该过程平稳。当 $|\rho| > 1$ 时，该过程呈现出急速增加(扩散)的特征，被称为爆炸(explosion)过程。因此，ρ 的取值以 1 为界限，刻画了 3 种完全不同类型的数据特征。

在实际数据分析中，ρ 一般可以通过最小二乘法来估计得到。为了符号的简洁，我们不

妨先假设 $\phi_0 = 0$。此时，可得 ρ 的最小二乘估计为

$$\hat{\rho} = \frac{\sum_{t=1}^{T} y_{t-1}y_t}{\sum_{t=1}^{T} y_{t-1}^2} = \rho + \frac{\sum_{t=1}^{T} y_{t-1}u_t}{\sum_{t=1}^{T} y_{t-1}^2}. \tag{3.1}$$

有趣的是，$\hat{\rho}$ 的统计分布性质取决于 ρ 的真值是小于 1、等于 1，还是大于 1。下面逐一论述。

3.2.1 平稳过程

下面介绍平稳过程时上述估计量的性质。若 $|\rho| < 1$，则由中心极限定理可知，$\frac{1}{\sqrt{T}} \sum_{t=1}^{T} y_{t-1} u_t \xrightarrow{d} N\left(0, \frac{\sigma^4}{1-\rho^2}\right)$。由大数定律可得，$\frac{1}{T} \sum_{t=1}^{T} y_{t-1}^2 \xrightarrow{p} \frac{\sigma^2}{1-\rho^2}$。利用 Slutsky 定理，可得

$$\sqrt{T}(\hat{\rho}-\rho) \xrightarrow{d} N(0, (1-\rho^2)). \tag{3.2}$$

即当 $|\rho| < 1$ 时，$\hat{\rho}$ 以 $\sqrt{T}$ 的速度收敛到真值 ρ，且极限分布为正态分布。具体推导细节参见 Hamilton(1994，pp. 215~216)。因此，当 $|\rho| < 1$ 时，关于 ρ 的假设检验和置信区间构造可以按(3.2)式进行。

3.2.2 单位根过程

当自回归过程是单位根过程，即 $|\rho| = 1$ 时，若(3.2)式中的极限分布仍然成立，则 $(1-\rho^2) = 0$，代入有

$$\sqrt{T}(\hat{\rho}-\rho) \xrightarrow{p} 0.$$

此时，正态分布退化成了原点。这一结果如果正确，则说明 $\hat{\rho}$ 收敛到 ρ 的速度快于 $\sqrt{T}$，具有超相合性(super-consistency)。

事实上，当 $\rho = 1$ 时，我们可以证明(Hamilton, 1994, pp. 475~504)

$$T^{-2} \sum_{t=1}^{T} y_{t-1}^2 \xrightarrow{d} \sigma^2 \cdot \int_0^1 [W(r)]^2 \mathrm{d}r,$$

$$T^{-1} \sum_{t=1}^{T} y_{t-1}u_t \xrightarrow{d} \frac{\sigma^2}{2}\{[W(1)]^2 - 1\}.$$

因此，我们可以得到

$$T(\hat{\rho}_T - 1) = \frac{\dfrac{1}{T}\displaystyle\sum_{t=1}^{T} y_{t-1}u_t}{\dfrac{1}{T^2}\displaystyle\sum_{t=1}^{T} y_{t-1}^2} \xrightarrow{d} \frac{\dfrac{1}{2}\{[W(1)]^2 - 1\}}{\displaystyle\int_0^1 [W(r)]^2 \mathrm{d}r}. \tag{3.3}$$

在(3.3)式中，$W(\cdot):[0,1]\to R$，是一个标准的布朗运动(Brownian motion)，它是一个连续时间序列，也被称为维纳(Wiener)过程。具体细节参见 Hamilton(1994，第 17 章)。

3.2.3　爆炸过程

当 $\rho>1$ 时，该自回归序列取值迅速增加，因此得名爆炸过程。White(1958)证明，当 $u_t \sim$ i. i. d. $N(0,\sigma^2)$ 时，

$$\frac{\rho^T}{\rho^2 - 1}(\hat{\rho}_T - \rho) \xrightarrow{d} \text{Cauchy}. \tag{3.4}$$

即极限分布为柯西(Cauchy)分布，且收敛速度依赖于 ρ。而当 u_t 不服从正态分布时，Anderson(1959)证明上述极限分布将依赖 u_t 的具体分布形式。具体细节参见 Wang 和 Yu(2015)。

3.3　单位根检验

既然单位根过程是非常重要的时间序列过程，那么在实际应用中，如何判断一个序列是否为单位根序列呢？下面介绍常见的几种检验方法：Dickey-Fuller(DF)检验、Phillips-Perron 检验和 Augmented Dickey-Fuller(ADF)检验等。

3-1　单位根检验

和平稳时间序列模型的假设检验不同的是，单位根检验中的统计量的极限分布依赖于数据生成过程(data generating process，DGP)和在检验时所设定的模型。根据模型和 DGP 是否包含截距项与时间趋势，我们将单位根检验分为以下 4 种情形。

（1）情形 1

模型：$y_t = \rho y_{t-1} + u_t$。

DGP：$y_t = y_{t-1} + u_t$，$u_t \sim$ i. i. d. $N(0, \sigma^2)$。

（2）情形 2

模型：$y_t = \alpha + \rho y_{t-1} + u_t$。

DGP：$y_t = y_{t-1} + u_t$，$u_t \sim$ i. i. d. $N(0, \sigma^2)$。

（3）情形 3

模型：$y_t = \alpha + \rho y_{t-1} + u_t$。

DGP：$y_t = \alpha + y_{t-1} + u_t$，$\alpha \neq 0$，$u_t \sim$ i. i. d. $N(0, \sigma^2)$。

（4）情形 4

模型：$y_t = \alpha + \delta t + \rho y_{t-1} + u_t$。

DGP：$y_t = \alpha + y_{t-1} + u_t$，$\alpha$ 可任意取值，$u_t \sim$ i. i. d. $N(0, \sigma^2)$。

3.3.1 Dickey-Fuller 检验

下面分别按照上述 4 种情形介绍 Dickey-Fuller(1979)检验。

1. 情形 1

在原假设 H_0：$\rho = 1$ 下，有 Dickey-Fuller ρ 检验的统计量

$$T(\hat{\rho}_T - 1) \xrightarrow{d} \frac{\frac{1}{2}\{[W(1)]^2 - 1\}}{\int_0^1 [W(r)]^2 \mathrm{d}r} \equiv \mathrm{DF}_{\rho,\,1}. \tag{3.5}$$

当然，也可以采用常见的 t 检验来检验 H_0。记 $s_T^2 = \sum_{t=1}^T \dfrac{(y_t - \hat{\rho}_T y_{t-1})^2}{T-1}$，由此可以计算得

到最小二乘估计的标准误差 $\hat{\sigma}_{\hat{\rho}_T} = \left[\dfrac{s_T^2}{\sum\limits_{t=1}^T y_{t-1}^2} \right]^{1/2}$。Dickey-Fuller t 检验的统计量

$$t_T = \frac{\hat{\rho}_T - 1}{\hat{\sigma}_{\hat{\rho}_T}} \xrightarrow{d} \frac{\frac{1}{2}\{[W(1)]^2 - 1\}}{\left\{ \int_0^1 [W(r)]^2 \mathrm{d}r \right\}^{\frac{1}{2}}} \equiv \mathrm{DF}_{t,\,1}. \tag{3.6}$$

极限分布 $\mathrm{DF}_{\rho,1}$ 和 $\mathrm{DF}_{t,1}$ 的分位数分别如表 3-1 和表 3-2 中的情形 1 所示。

表 3-1　DF_ρ 分布的分位数

样本量(T)	$T(\hat{\rho}-1)$检验的下分位数							
	0.01	0.025	0.05	0.10	0.90	0.95	0.975	0.99
情形 1								
25	-11.9	-9.3	-7.3	-5.3	1.01	1.40	1.79	2.28
50	-12.9	-9.9	-7.7	-5.5	0.97	1.35	1.70	2.16
100	-13.3	-10.2	-7.9	-5.6	0.95	1.31	1.65	2.09
250	-13.6	-10.3	-8.0	-5.7	0.93	1.28	1.62	2.04
500	-13.7	-10.4	-8.0	-5.7	0.93	1.28	1.61	2.04
∞	-13.8	-10.5	-8.1	-5.7	0.93	1.28	1.60	2.03
情形 2								
25	-17.2	-14.6	-12.5	-10.2	-0.76	0.01	0.65	1.40
50	-18.9	-15.7	-13.3	-10.7	-0.81	-0.07	0.53	1.22
100	-19.8	-16.3	-13.7	-11.0	-0.83	-0.10	0.47	1.14
250	-20.3	-16.6	-14.0	-11.2	-0.84	-0.12	0.43	1.09
500	-20.5	-16.8	-14.0	-11.2	-0.84	-0.13	0.42	1.06
∞	-20.7	-16.9	-14.1	-11.3	-0.85	-0.13	0.41	1.04
情形 4								
25	-22.5	-19.9	-17.9	-15.6	-3.66	-2.51	-1.53	-0.43
50	-25.7	-22.4	-19.8	-16.8	-3.71	-2.60	-1.66	-0.65
100	-27.4	-23.6	-20.7	-17.5	-3.74	-2.62	-1.73	-0.75
250	-28.4	-24.4	-21.3	-18.0	-3.75	-2.64	-1.78	-0.82
500	-28.9	-24.8	-21.5	-18.1	-3.76	-2.65	-1.78	-0.84
∞	-29.5	-25.1	-21.8	-18.3	-3.77	-2.66	-1.79	-0.87

表 3-2　DF_t 分布的分位数

样本量(T)	$(\hat{\rho}-1)/\hat{\sigma}_{\hat{\rho}}$检验的下分位数							
	0.01	0.025	0.05	0.10	0.90	0.95	0.975	0.99
情形 1								
25	-2.66	-2.26	-1.95	-1.60	0.92	1.33	1.70	2.16
50	-2.62	-2.25	-1.95	-1.61	0.91	1.31	1.66	2.08
100	-2.60	-2.24	-1.95	-1.61	0.90	1.29	1.64	2.03

续表

样本量(T)	\multicolumn{8}{c}{$(\hat{\rho}-1)/\hat{\sigma}_{\hat{\rho}}$检验的下分位数}
	0.01	0.025	0.05	0.10	0.90	0.95	0.975	0.99
\multicolumn{9}{c}{情形 1}
250	−2.58	−2.23	−1.95	−1.62	0.89	1.29	1.63	2.01
500	−2.58	−2.23	−1.95	−1.62	0.89	1.28	1.62	2.00
∞	−2.58	−2.23	−1.95	−1.62	0.89	1.28	1.62	2.00
\multicolumn{9}{c}{情形 2}
25	−3.75	−3.33	−3.00	−2.63	−0.37	0.00	0.34	0.72
50	−3.58	−3.22	−2.93	−2.60	−0.40	−0.03	0.29	0.66
100	−3.51	−3.17	−2.89	−2.58	−0.42	−0.05	0.26	0.63
250	−3.46	−3.14	−2.88	−2.57	−0.42	−0.06	0.24	0.62
500	−3.44	−3.13	−2.87	−2.57	−0.43	−0.07	0.24	0.61
∞	−3.43	−3.12	−2.86	−2.57	−0.44	−0.07	0.23	0.60
\multicolumn{9}{c}{情形 4}
25	−4.38	−3.95	−3.60	−3.24	−1.14	−0.80	−0.50	−0.15
50	−4.15	−3.80	−3.50	−3.18	−1.19	−0.87	−0.58	−0.24
100	−4.04	−3.73	−3.45	−3.15	−1.22	−0.90	−0.62	−0.28
250	−3.99	−3.69	−3.43	−3.13	−1.23	−0.92	−0.64	−0.31
500	−3.98	−3.68	−3.42	−3.13	−1.24	−0.93	−0.65	−0.32
∞	−3.96	−3.66	−3.41	−3.12	−1.25	−0.94	−0.66	−0.33

例 3-1(单位根检验 I) 我们收集了 1920 年第一季度至 2020 年第四季度美国国库券名义利率的季度数据,用普通最小二乘法(ordinary least squares,OLS)拟合 AR(1)过程,估计的结果是

$$i_t = \underset{(0.010)}{0.984}\, i_{t-1},$$

其中,括号中为 $\hat{\rho}$ 的标准差。这里的 $T=295$,那么

$$T(\hat{\rho}-1)=295\times(0.984-1)=-4.72.$$

这里的原假设是 H_0:$\rho=1$,备择假设是 H_1:$\rho<1$。从表 3-1 可以得知下 5% 的分位数约为 −8。因为 −4.72>−8,所以在 5% 的置信水平下我们无法拒绝原假设。这个数据来自一个单位根过程。

在 H_0：$\rho = 1$ 下的 OLS 的 t 统计量

$$t = \frac{(0.984 - 1)}{0.010} = -1.6.$$

与表 3-2 中情形 1 的 5% 的临界值相比，我们可以得到 $-1.6 > -1.95$，所以原假设名义利率服从一个单位根过程，同样无法被拒绝。

2. 情形 2

在原假设 H_0：$\alpha = 0$，$\rho = 1$ 下，有 Dickey-Fuller ρ 检验统计量

$$T(\hat{\rho}_T - 1) \xrightarrow{d} \frac{\frac{1}{2}\{[W(1)]^2 - 1\} - W(1) \cdot \int W(r)\mathrm{d}r}{\int [W(r)]^2 \mathrm{d}r - \left[\int W(r)\mathrm{d}r\right]^2} \equiv \mathrm{DF}_{\rho,2}. \tag{3.7}$$

若采用 t 检验来检验 $\rho = 1$，则可计算

$$t_T = \frac{\hat{\rho}_T - 1}{\hat{\sigma}_{\hat{\rho}_T}},$$

$$\hat{\sigma}_{\hat{\rho}_T} = s_T^2(0 \quad 1)\begin{pmatrix} T & \sum y_{t-1} \\ \sum y_{t-1} & \sum y_{t-1}^2 \end{pmatrix}^{-1}\begin{pmatrix} 0 \\ 1 \end{pmatrix},$$

$$s_T^2 = (T-2)^{-1}\sum_{t=1}^{T}(y_t - \hat{\alpha}_T - \hat{\rho}_T y_{t-1})^2.$$

Dickey-Fuller t 检验的统计量

$$t_T \xrightarrow{d} \frac{\frac{1}{2}\{[W(1)]^2 - 1\} - W(1) \cdot \int W(r)\mathrm{d}r}{\left\{\int [W(r)]^2 \mathrm{d}r - \left[\int W(r)\mathrm{d}r\right]^2\right\}^{\frac{1}{2}}} \equiv \mathrm{DF}_{t,2}. \tag{3.8}$$

极限分布 $\mathrm{DF}_{\rho,2}$ 和 $\mathrm{DF}_{t,2}$ 的分位数分别如表 3-1 和表 3-2 中的情形 2 所示。

若同时检验 $\alpha = 0$ 和 $\rho = 1$，则先将其表示为 $\boldsymbol{R\theta} = \boldsymbol{r}$，$\boldsymbol{R} = I_2$，$\boldsymbol{\theta} = (\alpha, \rho)'$，$\boldsymbol{r} = (0,1)'$。计算 Dickey-Fuller F 检验统计量

$$F_T = (\hat{\boldsymbol{\theta}}_T - \boldsymbol{\theta})'\boldsymbol{R}'\{s_T^2 \cdot \boldsymbol{R}(\sum \boldsymbol{x}_t\boldsymbol{x}_t')\boldsymbol{R}'\}\boldsymbol{R}(\hat{\boldsymbol{\theta}}_T - \boldsymbol{\theta})/2,$$

这里 $\boldsymbol{x}_t = (1, y_{t-1})'$。其极限分布为

$$F_T \xrightarrow{d} \frac{1}{2}\left(W(1), \left(\frac{1}{2}\right)\{[W(1)]^2-1\}\right)$$

$$\begin{pmatrix} 1 & \int W(r)\,dr \\ \int W(r)\,dr & \int [W(r)]^2\,dr \end{pmatrix}^{-1} \begin{pmatrix} W(1) \\ \frac{1}{2}\{[W(1)]^2-1\} \end{pmatrix} \equiv DF_{F,2}. \quad (3.9)$$

极限分布 $DF_{F,2}$ 的分位数分别如表 3-3 中的情形 2 所示。

表 3-3　DF_F 分布的分位数

样本量(T)	F 检验的分位数							
	0.99	0.975	0.95	0.90	0.10	0.05	0.025	0.01
情形 2								
($y_t=\alpha+\rho y_{t-1}+u_t$ 中的 F 检验：$\alpha=0$，$\rho=1$)								
25	0.29	0.38	0.49	0.65	4.12	5.18	6.30	7.88
50	0.29	0.39	0.50	0.66	3.94	4.86	5.80	7.06
100	0.29	0.39	0.50	0.67	3.86	4.71	5.57	6.70
250	0.30	0.39	0.51	0.67	3.81	4.63	5.45	6.52
500	0.30	0.39	0.51	0.67	3.79	4.61	5.41	6.47
∞	0.30	0.40	0.51	0.67	3.78	4.59	5.38	6.43
情形 4								
($y_t=\alpha+\delta t+\rho y_{t-1}+u_t$ 中的 F 检验：$\delta=0$，$\rho=1$)								
25	0.74	0.90	1.08	1.33	5.91	7.24	8.65	10.61
50	0.76	0.93	1.11	1.37	5.61	6.73	7.81	9.31
100	0.76	0.94	1.12	1.38	5.47	6.49	7.44	8.73
250	0.76	0.94	1.13	1.39	5.39	6.34	7.25	8.43
500	0.76	0.94	1.13	1.39	5.36	6.30	7.20	8.34
∞	0.77	0.94	1.13	1.39	5.34	6.25	7.16	8.27

例 3-2(单位根检验 Ⅱ)　在例 3-1 中的名义利率模型中加入截距项，估计的结果为

$$i_t = \underset{(0.00086)}{0.0017} + \underset{(0.01697)}{0.9573}\ i_{t-1}.$$

其中，括号中为标准差。在这种设定下，基于 ρ 的估计值的 Dickey-Fuller 检验的统计量为

$$T(\hat{\rho}-1) = 295\times(0.9573-1) = -12.5965.$$

从表 3-1 中通过插值法可以得到 5% 的临界值约为 -14。因为 -12.5965>-14，所以基于 Dickey-Fuller 检验，单位根的原假设无法拒绝。OLS 的 t 统计量为

$$\frac{(0.9573-1)}{0.01697}\approx-2.516.$$

与表 3-2 中情形 2 的 5% 的临界值相比，我们可以得到 -2.516>-2.87，故单位根的原假设同样无法拒绝。

针对上述模型，联合假设：$\alpha=0$，$\rho=1$ 的 OLS 的 Wald F 统计量是 3.17。在经典的回归假设下，该统计量应该服从 $F(2,293)$ 分布。但是在这个例子下，该统计量应该和表 3-3 中情形 2 的临界值相比。通过插值法可以得到 5% 的临界值为 4.63。因为 3.17<4.63，所以在 5% 的置信水平下，应该无法拒绝联合原假设 $\alpha=0$，$\rho=1$。

3. 情形 3

在原假设 H_0：$\rho=1$ 下，$y_t=y_0+\alpha t+(u_1+\cdots+u_t)\equiv y_0+\alpha t+\xi_t$，这里 $\xi_0=0$。West(1988) 证明

$$\begin{pmatrix} T^{\frac{1}{2}}(\hat{\alpha}_T-\alpha) \\ T^{\frac{3}{2}}(\hat{\rho}_T-1) \end{pmatrix}\xrightarrow{d}N(0,\sigma^2Q^{-1}). \tag{3.10}$$

这里 $Q=\begin{pmatrix} 1 & \alpha/2 \\ \alpha/2 & \alpha^2/3 \end{pmatrix}$。因此，Dickey-Fuller t 检验的统计量为

$$t_T=\frac{\hat{\rho}_T-1}{\hat{\sigma}_{\hat{\rho}_T}}\xrightarrow{d}N(0,1). \tag{3.11}$$

由此可知，在情形 3 下 Dickey-Fuller t 检验可以查看标准正态分布的分位数。另外，若采用 F 检验来同时检验 $\alpha=\alpha_0(\neq0)$ 和 $\rho=1$，则极限分布仍然为 $\chi^2(2)$。

4. 情形 4

令 $\alpha^*=(1-\rho)\alpha$，$\rho^*=\rho$，$\delta^*=(\delta+\rho\alpha)$，$\xi_t=y_t-\alpha t$，可得

$$y_t=(1-\rho)\alpha+\rho[y_{t-1}-\alpha(t-1)]+(\delta+\rho\alpha)t+u_t$$
$$=\alpha^*+\rho^*\xi_{t-1}+\delta^*t+u_t.$$

对 α^*，ρ^*，δ^* 进行最小二乘估计。可证明

$$
\begin{pmatrix} T^{\frac{1}{2}}\hat{\alpha}_T^* \\ T(\hat{\rho}_T^* - 1) \\ T^{\frac{3}{2}}(\hat{\delta}_T^* - \alpha_0) \end{pmatrix} \xrightarrow{d} \begin{pmatrix} \sigma & 0 & 0 \\ 0 & 1 & 0 \\ 0 & 0 & \sigma \end{pmatrix} \begin{pmatrix} 1 & \int W(r)\,dr & \frac{1}{2} \\ \int W(r)\,dr & \int [W(r)]^2\,dr & \int rW(r)\,dr \\ \frac{1}{2} & \int rW(r)\,dr & \frac{1}{3} \end{pmatrix}^{-1} \begin{pmatrix} W(1) \\ \frac{1}{2}\{[W(1)]^2 - 1\} \\ W(1) - \int W(r)\,dr \end{pmatrix}.
$$

(3.12)

由 ρ 的最小二乘估计值和 ρ^* 的最小二乘估计值相等，可知 $T(\hat{\rho}_T - 1)$ 的渐近分布 $\mathrm{DF}_{\rho,4}$ 和 $T(\hat{\rho}_T^* - 1)$ 的渐近分布相同，为(3.12)式中极限分布的第二行。类似地，可以得到 Dickey-Fuller t 检验的极限分布 $\mathrm{DF}_{t,4}$，这里不赘述。极限分布 $\mathrm{DF}_{\rho,4}$ 和 $\mathrm{DF}_{t,4}$ 的分位数分别如表 3-1 和表 3-2 中的情形 4 所示。

在进行实际数据分析时，如何从 4 种情形中选择适合数据特征的情形进行单位根检验？首先，如果我们有一个比较明确的生成数据的过程和需要检验的假设，那么可以确定需要选择的情形。其次，如果没有如上明确的指引，一般的原则是：选择一个模型和数据生成设定，使它们在原假设和备择假设下都能够比较合理地刻画数据的主要特征。特别地，如果数据呈现出明显的时间趋势，则要考虑选择情形 4；否则，考虑选择情形 2.

例 3-3(单位根检验Ⅲ) 使用美国 GNP 1947 年第一季度至 2019 年第四季度的数据做单位根检验。图 3-1 为美国 GNP 季度数据的时序图，一共有 291 个数据点。受到人口增长和技术改进的影响，从图 3-1 中可以明显看出这个序列呈持续增长的趋势。

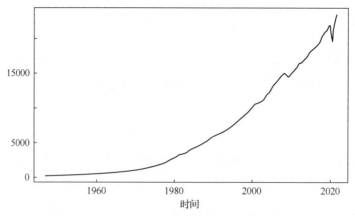

图 3-1 美国 GNP 季度数据的时序图

令 $y_t = 100 \times \log(\mathrm{GNP}_t)$。我们拟合一个带截距项和时间趋势项的一阶自回归模型，估计结果为

$$y_t = -1.780 - \underset{(0.00601)}{0.0146}\ t + \underset{(0.00359)}{1.00685}\ y_{t-1}.$$
$$(1.989)$$

其中，括号中为标准差。在这种设定下，基于 ρ 的估计值计算 Dickey-Fuller 检验的统计量为

$$T(\hat{\rho}-1) = 291 \times (1.00685-1) \approx 1.993.$$

从表 3-1 中通过插值法可以得到，5% 的临界值为 -21.3。因为 1.993 > -21.3，所以基于 Dickey-Fuller 检验无法拒绝单位根的原假设。

OLS 的 t 统计量为

$$\frac{(1.00685-1)}{0.00359} \approx 1.908.$$

与表 3-2 中情形 4 的 5% 的临界值相比，可以得到 1.908 > -3.43，单位根的原假设同样无法拒绝。

针对该模型，联合假设：$\delta = 0$ 和 $\rho = 1$ 的 OLS 的 Wald F 统计量是 0.490。该统计量应该和表 3-3 中情形 4 的值相比。通过插值法可以得到 5% 的临界值是 6.34。因为 0.490 < 6.34，所以在 5% 的置信水平下，无法拒绝联合原假设 $\delta = 0$，$\rho = 1$。

在本节介绍的单位根检验中，假设扰动项 $u_t \sim$ i.i.d. $N(0, \sigma^2)$。这里，正态分布的假设用来近似计算检验统计量在有限样本下的分位数。当样本容量足够大时，正态分布的假设可以放宽，检验的方法和前述方法相同，只是需要在前述表格中查找 $T = \infty$ 对应的分位数。然而放宽扰动项的独立性，前面介绍的检验统计量的极限分布会发生改变，从而假设检验的方法需要调整。

在实际建模中，大部分数据都不符合扰动项独立的假设。下面两节将具体介绍在扰动项存在相依性时的两种单位根检验方法，即 Phillips-Perron(Phillips 和 Perron，1988)检验和 ADF 检验(Dickey 和 Fuller，1981)。

3.3.2　Phillips-Perron 检验

为了刻画序列相依性，Phillips 和 Perron (1988) 考虑假设扰动项为一个 MA(∞) 过程，即

$$u_t = \phi(B)\varepsilon_t = \sum_{j=0}^{\infty} \phi_j \varepsilon_{t-j},$$

这里 $\sum_{j=0}^{\infty} j |\phi_j| < \infty$，且 $\{\varepsilon_t\}$ 为一个均值为 0，方差为 σ^2 的独立同分布的噪声。定义

$$\gamma_j = E(u_t,\ u_{t-j}) = \sigma^2 \sum_{s=0}^{\infty} \phi_{s+j}\phi_s,\ j = 0,1,2,\cdots,$$

$$\lambda = \sigma \sum_{j=0}^{\infty} \phi_j = \sigma\phi(1).$$

下面仅以情形 2 为例，阐述 Phillips-Perron 检验的具体实施，其他情形可以类似得到。Phillips 和 Perron(1988) 证明：

$$T(\hat{\rho}_T - 1) \xrightarrow{d} \mathrm{DF}_{\rho,2} + \frac{\left(\dfrac{1}{2}\right) \cdot (\lambda^2 - \gamma_0)}{\lambda^2 \left\{\int [W(r)]^2 \mathrm{d}r - \left[\int W(r)\mathrm{d}r\right]^2\right\}}, \qquad (3.13)$$

其中，极限分布的第一项和 Dickey-Fuller 检验的第一项完全相同，第二项包含对扰动项序列相依性的调整。不难看出，当扰动项无序列相依性时，分子 $\lambda^2 - \gamma_0 = 0$。此时，该极限分布退化成 $\mathrm{DF}_{\rho,2}$。

为了检验方便，考虑采用调整后的检验统计量

$$Z_\rho = T(\hat{\rho}_T - 1) - \frac{1}{2}\left\{T^2\ \hat{\sigma}_{\hat{\rho}_T}^2 \div s_T^2\right\}(\hat{\lambda}_T^2 - \hat{\gamma}_{0,T}) \xrightarrow{d} \mathrm{DF}_{\rho,2}, \qquad (3.14)$$

这里

$$\hat{\gamma}_{j,T} = T^{-1}\sum_{t=j+1}^{T} \hat{u}_t \hat{u}_{t-j},$$

$$\hat{\lambda}_T^2 = \hat{\gamma}_{0,T} + 2 \cdot \sum_{j=1}^{q}\left[1 - \frac{j}{q+1}\right]\hat{\gamma}_{j,T},$$

$$s_T^2 = (T-k)^{-1}\sum_{t=1}^{T} \hat{u}_t^2.$$

$\hat{u}_t$ 为最小二乘估计得到的残差，k 是模型中估计的参数的个数(此处为 2)，$\hat{\sigma}_{\hat{\rho}_T}$ 为 $\hat{\rho}_T$ 的最小二乘估计的标准误差。采用 Z_ρ 做单位根检验，其极限分布和 Dickey-Fuller 的 $\mathrm{DF}_{\rho,2}$ 分布完全相同，故分位数可以类似查表得到。

同理，也可以采用 t 检验。计算调整后的统计量为

$$Z_t = \left(\frac{\hat{\gamma}_{0,T}}{\hat{\lambda}_T^2}\right)^{\frac{1}{2}} \frac{(\hat{\rho}_T - 1)}{\hat{\sigma}_{\hat{\rho}_T}} - \frac{1}{2} \{ T^2 \hat{\sigma}_{\hat{\rho}_T}^2 \div s_T^2 \} (\hat{\lambda}_T^2 - \hat{\gamma}_{0,T}) \left(\frac{1}{\hat{\lambda}_T}\right) \xrightarrow{d} \mathrm{DF}_{t,2}. \tag{3.15}$$

采用 Z_t 做单位根检验，其极限分布和 Dickey-Fuller 的 $\mathrm{DF}_{t,2}$ 分布完全相同，故分位数也可以类似查表得到。

对于情形 1 和情形 4，我们计算统计量的方法和情形 2 完全相同，不同的是它们的极限分布。也就是说，在情形 1 下，

$$Z_\rho \xrightarrow{d} \mathrm{DF}_{\rho,1}, \quad Z_t \xrightarrow{d} \mathrm{DF}_{t,1}, \tag{3.16}$$

而在情形 4 下，

$$Z_\rho \xrightarrow{d} \mathrm{DF}_{\rho,4}, \quad Z_t \xrightarrow{d} \mathrm{DF}_{t,4}. \tag{3.17}$$

在情形 3 下，由于 $\hat{\rho}_T$ 的极限分布仍然为正态分布，故对应的 t 检验的极限分布仍然为标准正态分布。

例 3-4（单位根检验 IV）　令 $\hat{u}_t$ 是例 3-2 中回归方程的残差：

$$\hat{u}_t \equiv i_t - \underset{(0.00086)}{0.0017} - \underset{(0.01697)}{0.9573}\, i_{t-1}, t = 1, 2, \cdots, 295.$$

OLS 残差估计的自协方差为

$$\hat{\gamma}_0 = \frac{1}{T} \sum_{t=1}^T \hat{u}_t^2 = 0.00008, \quad \hat{\gamma}_1 = \frac{1}{T} \sum_{t=2}^T \hat{u}_t \hat{u}_{t-1} = -0.000008,$$

$$\hat{\gamma}_2 = \frac{1}{T} \sum_{t=3}^T \hat{u}_t \hat{u}_{t-2} = -0.000015, \quad \hat{\gamma}_3 = \frac{1}{T} \sum_{t=4}^T \hat{u}_t \hat{u}_{t-3} = 0.000024,$$

$$\hat{\gamma}_4 = \frac{1}{T} \sum_{t=5}^T \hat{u}_t \hat{u}_{t-4} = -0.000003.$$

因此，考虑用 $q = 4$ 的自协方差来衡量 u_t 的序列相依性，有

$$\hat{\lambda}^2 = \hat{\gamma}_0 + 2 \cdot \frac{4}{5} \cdot \hat{\gamma}_1 + 2 \cdot \frac{3}{5} \cdot \hat{\gamma}_2 + 2 \cdot \frac{2}{5} \cdot \hat{\gamma}_3 + 2 \cdot \frac{1}{5} \cdot \hat{\gamma}_4 = 0.000068.$$

通常的回归方程残差的方差估计为

$$s^2 = (T-2)^{-1} \sum_{t=1}^T \hat{u}_t^2 = 0.000081.$$

因此，Phillips-Perron ρ 统计量为

$$T(\hat{\rho} - 1) - \frac{1}{2}\left(T^2 \cdot \frac{\hat{\sigma}_{\hat{\rho}}^2}{s^2}\right) \cdot (\hat{\lambda}^2 - \hat{\gamma}_0) = -10.639.$$

与表 3-1 中情形 2 的 5% 的临界值相比，可以得到 -10.639>-14，因此无法拒绝单位根的原假设 $\rho=1$。

类似地，可以得到调整的 t 统计量为

$$\left(\frac{\hat{\gamma}_0}{\hat{\lambda}^2}\right)^{\frac{1}{2}} t - \left\{\frac{\frac{1}{2}(\hat{\lambda}^2-\hat{\gamma}_0)\left(T\cdot\frac{\hat{\sigma}_{\hat{\beta}}}{s}\right)}{\hat{\lambda}}\right\} = -2.314.$$

与表 3-2 中情形 2 的 5% 的临界值相比，可以得到 -2.314>-2.87，故单位根的原假设同样无法拒绝。

类似地，可以得到在情形 1 下，Phillips-Perron ρ 统计量为 -3.742，大于 5% 的临界值 -8，于是在 5% 的置信水平下应该无法拒绝单位根的原假设。调整后的 t 统计量为 -1.372，大于 5% 的临界值 -1.95，所以名义利率服从单位根过程。

在情形 4 下，Phillips-Perron ρ 统计量为 -11.26，大于 5% 的临界值 -21.3，于是在 5% 的置信水平下，该过程为单位根。调整后的 t 统计量为 -2.443，大于 5% 的临界值 -3.43，所以名义利率服从单位根过程。

3.3.3 ADF 检验

Dickey 和 Fuller(1981)假设数据来自自回归模型

$$(1-\phi_1 L-\phi_2 L^2-\cdots-\phi_p L^p)y_t=\varepsilon_t,$$

这里 ε_t 是独立同分布的扰动项($\varepsilon_t \sim$ i. i. d. $N(0,\sigma^2)$)。该模型可以等价表述为

$$y_t=\rho y_{t-1}+\zeta_1\Delta y_{t-1}+\cdots+\zeta_{p-1}\Delta y_{t-p+1}+\varepsilon_t.$$

这里 $\rho=\phi_1+\phi_2+\cdots+\phi_p$，$\zeta_j=-[\phi_{j+1}+\phi_{j+2}+\cdots+\phi_p]$，$j=1,2,\cdots,p-1$。在原假设 $\rho=1$ 下，

$$(1-\zeta_1 B-\zeta_2 B^2-\cdots-\zeta_{p-1}B^{p-1})\Delta y_t=\varepsilon_t,$$

即有

$$u_t \equiv \Delta y_t = (1-\zeta_1 B-\zeta_2 B^2-\cdots-\zeta_{p-1}B^{p-1})^{-1}\varepsilon_t \equiv \phi(B)\varepsilon_t.$$

这里 $\phi(B)=(1-\zeta_1 B-\zeta_2 B^2-\cdots-\zeta_{p-1}B^{p-1})^{-1}$。

类似 Phillips-Perron 检验，可以得到在情形 1 下，ADF ρ 检验统计量为

$$Z_{\text{ADF}}=\frac{T(\hat{\rho}_T-1)}{1-\hat{\zeta}_{1,T}-\hat{\zeta}_{1,T}-\cdots-\hat{\zeta}_{p-1,T}}\xrightarrow{d}\text{DF}_{\rho,1}, \tag{3.18}$$

ADF t 检验统计量

$$t_T \xrightarrow{\quad d \quad} \mathrm{DF}_{t,1}. \tag{3.19}$$

其他 3 种情形结果类似，故不赘述。

在 ADF 检验中，如何选择自回归的滞后阶 p？下面以情形 1 为例，介绍 Ng 和 Perron（1995）提出的选择方法。

（1）确定 p 取值的一个上界 $\bar{p}$。采用最小二乘 t 检验来检验原假设 $\zeta_{\bar{p}-1}=0$。如果这个原假设被接受，则采用最小二乘 F 检验同时检验 $\zeta_{\bar{p}-1}=0$ 和 $\zeta_{\bar{p}-2}=0$。

（2）依次重复上述步骤直至对某个 l，原假设 $\zeta_{\bar{p}-1}=0$，$\zeta_{\bar{p}-2}=0$，$\cdots$，$\zeta_{\bar{p}-l}=0$ 被拒绝。此时，确定的回归模型为

$$y_t = \rho y_{t-1} + \zeta_1 \Delta y_{t-1} + \cdots + \zeta_{\bar{p}-l} \Delta y_{t-\bar{p}+l} + \varepsilon_t.$$

（3）如果没有 l 使得上述联合原假设被拒绝，则可以采用简单的 Dickey-Fuller 检验。

例 3-5（单位根检验 V）　采用例 3-1 中的名义利率拟合模型：

$$i_t = \underset{(0.00084)}{0.00147} - \underset{(0.0579)}{0.072} \Delta i_{t-1} - \underset{(0.0566)}{0.175} \Delta i_{t-2} + \underset{(0.057)}{0.251} \Delta i_{t-3} + \underset{(0.0166)}{0.963} i_{t-1}.$$

差分处理使得样本量变为 $T=292$。ADF ρ 检验统计量为

$$\frac{292}{1+0.072+0.175-0.251}(0.963-1) \approx -10.847.$$

与表 3-1 中情形 2 的 5% 的临界值相比，因为 $-10.847 > -14$，所以在 5% 的置信水平下，我们无法拒绝单位根的原假设。t 统计量的值为

$$\frac{(0.963-1)}{0.0166} = -2.229.$$

与表 3-2 中情形 2 的 5% 的临界值相比，我们可以得到 $-2.229 > -2.87$，ADF t 检验在 5% 的置信水平下同样接受单位根的原假设。最后做联合 F 检验，统计量为 2.495，小于 5% 的临界值 4.63，故无法拒绝 $\rho=1$，$\alpha=0$ 的原假设。

3.3.4　其他检验

前述的单位根检验均采用自回归模型的最小二乘估计量，因此仅仅利用了单位根时间序列的一阶自相关系数。Bierens（1993）发现，单位根过程的高阶自相关系数中同样包含单位根的信息。

特别地，定义 m 阶样本自相关系数

$$r_{1n}(m) = \sum_{t=m+1}^{n} (y_t - \bar{y})(y_{t-m} - \bar{y}) \Big/ \sum_{t=m+1}^{n} (y_t - \bar{y})^2,$$

$$r_{2n}(m) = \sum_{t=m+1}^{n} (y_t - \bar{y})(y_{t-m} - \bar{y}) \Big/ \sum_{t=1}^{n} (y_t - \bar{y})^2,$$

和标准化的统计量

$$X_{in}(m) = (n/m)[r_{in}(m) - 1], \quad i = 1, 2.$$

Bierens(1993)证明，如果 $m \to \infty$，且 $m = o(n^{\frac{1}{3}})$，则有

$$X_{in}(m) \xrightarrow{d} X_i, \quad i = 1, 2,$$

$$X_1 = \frac{\frac{1}{2}\{[W(1)]^2 - 1\} - W(1) \cdot \int W(r)\,dr}{\int [W(r)]^2 dr - [\int W(r)\,dr]^2},$$

$$X_2 = -\frac{1}{2} \frac{1 + [\int W(r)\,dr]^2 - [W(1) - \int W(r)\,dr]^2}{\int [W(r)]^2 dr - [\int W(r)\,dr]^2}.$$

上述统计量同样可以用来检验单位根。

Zhang 和 Chan(2018)考虑加总高阶自相关系数中的信息，得到一个更加有效的 Portmanteau 检验统计量。具体地，考虑 AR(1)，

$$y_t = \rho y_{t-1} + \varepsilon_t, \quad t = 1, \cdots, n.$$

其中，ε_t 是均值为 0，方差为 σ^2 的噪声(可能有序列相依性)。在原假设 $H_0: \rho = 1$ 下，

$$n[1 - \hat{\rho}(1)] \xrightarrow{d} \frac{1}{2}[W^2(1) + E\varepsilon_1^2/\sigma^2] \Big/ \int_0^1 W^2(t)\,dt,$$

其中，$W(t)$ 是标准布朗运动，$\sigma^2 = E\varepsilon_1^2 + \sum_{t=1}^{\infty} E(\varepsilon_1 \varepsilon_{1+t})$。在备择假设 $H_1: \rho < 1$ 下，

$$n[1 - \hat{\rho}(1)] = n[1 - \rho(1) + \rho(1) - \hat{\rho}(1)] = n[1 - \rho(1)][1 + o_p(1)].$$

基于上述统计量进行检验的功效依赖于 $n[1 - \rho(1)]$ 的取值大小，小的 $n[1 - \hat{\rho}(1)]$ 会导致检验功效较低。

注意，在原假设下，$\left(\frac{n}{i}\right)[1 - \hat{\rho}(i)] = O_p(1)$，在备择假设下，$[1 - \hat{\rho}(i)] = 1 - \rho(i) + o_p(1)$。
如果

$$\frac{2n}{M(M+1)} \sum_{i=1}^{M} 1 - \rho(i) \gg n[1 - \rho(1)],$$

则可以利用前 M 阶自相关系数的和来构造出比仅使用 $n[1-\hat{\rho}(1)]$ 作为检验统计量更加具有检验功效的检验方法。这使得我们考虑

$$T_n = \frac{n}{M(M+1)} \sum_{i=1}^{M} [\hat{\rho}(i) - 1]. \tag{3.20}$$

Zhang 和 Chan(2018)在一些模型假设下做出如下证明。

(1)对任意 $M \geqslant 1$,

$$T_n \xrightarrow{d} \frac{\frac{1}{4}[W^2(1) + d_M]}{\int_0^1 W^2(t)\,\mathrm{d}t}. \tag{3.21}$$

这里 $\gamma(i) = \mathrm{Cov}(\varepsilon_0, \varepsilon_i)$,

$$d_M = \left[\gamma(0) + 2 \sum_{i=1}^{M-1} \frac{(M-i)(M-i+1)}{M(M+1)} \gamma(i) \right] / \sigma^2.$$

(2)对 M:$M(n) \to \infty$ 且 $M(n) = o(n^{1/2})$,若 $\sum_{i=1}^{\infty} |\gamma(i)| < \infty$,则

$$T_n \xrightarrow{d} \frac{\frac{1}{4}[W^2(1) + 1]}{\int_0^1 W^2(t)\,\mathrm{d}t}. \tag{3.22}$$

当 AR(1)过程包含非零截距项时,$y_t - \mu = \rho(y_{t-1} - \mu) + \varepsilon_t$,定义 $\bar{y} = \sum_{i=1}^{n} y_i / n$,$\tilde{\gamma}(i) = \frac{1}{n} \sum_{t=1}^{n-i} (y_t - \bar{y})(Y_{t+i} - \bar{y})$,$\tilde{\rho}(i) = \tilde{\gamma}(i) / \tilde{\gamma}(0)$。考虑统计量

$$\tilde{T}_n = \frac{n}{M(M+1)} \sum_{i=1}^{M} [\tilde{\rho}(i) - 1]. \tag{3.23}$$

在单位根的原假设下有如下结论。

(1)对任意 $M \geqslant 1$,

$$\tilde{T}_n \xrightarrow{d} -\frac{\left[W(1) - \int_0^1 W(t)\,\mathrm{d}t\right]^2 + \left[\int_0^1 W(t)\,\mathrm{d}t\right]^2 + d_M}{4\left\{ \int_0^1 W^2(t)\,\mathrm{d}t - \left[\int_0^1 W(t)\,\mathrm{d}t\right]^2 \right\}}. \tag{3.24}$$

(2)对 $M=$：$M(n) \to \infty$ 且 $M(n) = o(n^{1/2})$，若 $\sum_{i=1}^{\infty} |\gamma(i)| < \infty$，则

$$\widetilde{T}_n \xrightarrow{d} - \frac{\left[W(1) - \int_0^1 W(t)\,dt \right]^2 + \left[\int_0^1 W(t)\,dt \right]^2 + 1}{4\left\{ \int_0^1 W^2(t)\,dt - \left[\int_0^1 W(t)\,dt \right]^2 \right\}}. \tag{3.25}$$

为了增强检验的功效，M 的值可以取

$$\hat{M} = \operatorname{argmax}_M \left\{ n \sum_{k=1}^{M} \left[1 - \hat{\rho}(k) \right] / \left[M(M+1) \right] \right\}.$$

由于平稳时间序列的序列自相关系数呈现出指数衰减的特征，因此通常取前 20 项自相关系数就足以展示出单位根时间序列和平稳时间序列的差异，即可以取 $M = 20$。具体细节参见 Zhang 和 Chan（2018）。

例 3-6（单位根检验 Ⅵ）　用美国国库券名义利率拟合带有截距项的 AR(1) 模型。根据上面的介绍，取 $M = 20$，计算可得 $\widetilde{T}_n = -3.937$。通过数值模拟计算 $\widetilde{T}_n$ 的极限分布的分位数。具体地，生成样本量 $T = 10000$ 的单位根过程，其误差项为独立同分布的标准正态分布，然后计算该过程的统计量 $\widetilde{T}_n$。将上述步骤重复 1000 次，并计算 $\widetilde{T}_n$ 的经验分位数作为 $\widetilde{T}_n$ 极限分布的临界值。这里通过模拟得到的 5% 临界值为 -6.869。由于 $-3.937 > -6.869$，所以在 5% 的置信水平下，我们无法拒绝单位根的原假设。

3.4　案例分析

我们收集了 S&P500 指数 2012 年 2 月 29 日至 2019 年 12 月 31 日的日度数据。图 3-2 为取对数之后的数据的时序图。从图中可以发现这个序列呈现出一种线性增长的趋势。我们画出该序列的样本自相关函数（见图 3-3），发现 ACF 线性衰减且衰减速度很慢。这表明数据中可能存在确定（线性）趋势项。

使用 R 语言中的 adf. test() 函数对进行对数处理后的数据做 ADF 检验。首先考虑带有截距项和带有线性趋势项的回归方程（参见情形 4）。选择回归方程中滞后阶数为 $k = 1, \cdots, 6$，我们发现 p 值都是大于 0.05 的，也就是说我们无法拒绝原假设，认为这个序列是一个单位根序列，且带有线性趋势项。针对该模型，联合假设：$\delta = 0$ 和 $\rho = 1$ 的 OLS 的 Wald F 检验的 p 值小于 0.01，所以进一步验证了应该拒绝原假设 $\delta = 0$，$\rho = 1$。因此，该过程符合带有线性趋势项的单位根模型。

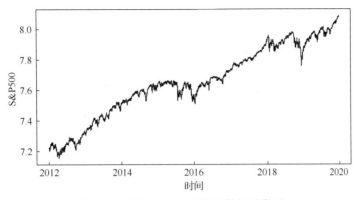

图 3-2　对数 S&P500 日度指数的时序图

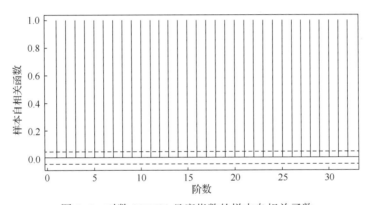

图 3-3　对数 S&P500 日度指数的样本自相关函数

　　令 Y_t 代表取对数之后的指数在时间 t 点的值。将 Y_t 对时间 t 和一阶滞后项 Y_{t-1} 做回归，得到一个拟合的线性模型：

$$Y_t = 0.08822 + 0.000004830t + 0.9879Y_{t-1} + X_t.$$

　　接着，针对该模型的残差 X_t，画出其时序图、样本自相关函数和样本偏自相关函数，如图 3-4 所示。我们发现 X_t 的样本自相关函数和样本偏自相关函数大部分落在置信区间内，白噪声检验 Ljung-Box 统计量的 p 值是 0.661，说明 X_t 是一个白噪声。这说明上述拟合的带有线性趋势项的模型是合理且容易解释的。

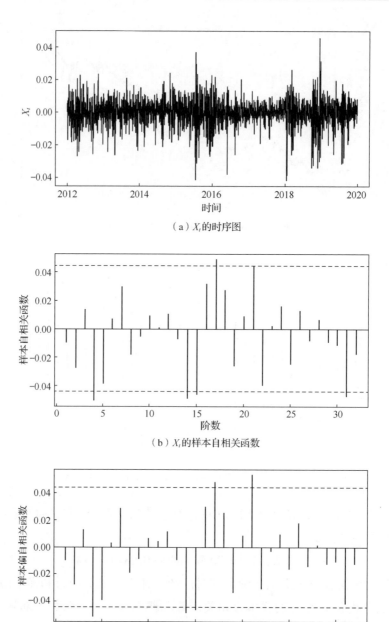

（a）X_t的时序图

（b）X_t的样本自相关函数

（c）X_t的样本偏自相关函数

图 3-4　X_t 的相关图形

习题

1. 什么是单位根过程?

2. 单位根过程的统计推断和平稳时间序列、爆炸过程的统计推断有什么不同?

3. 如何构造自回归模型 $y_t = \rho y_{t-1} + u_t$ 中 ρ 的置信区间?

4. 证明: 若 $y_t = y_{t-1} + u_t$, $u_t \sim$ i. i. d. $N(0, \sigma^2)$, 则有

$$T^{-2} \sum_{t=1}^{T} y_{t-1}^2 \xrightarrow{d} \sigma^2 \cdot \int_0^1 [W(r)]^2 \mathrm{d}r,$$

$$T^{-1} \sum_{t=1}^{T} y_{t-1} u_t \xrightarrow{d} \frac{\sigma^2}{2} \{ [W(1)]^2 - 1 \}.$$

5. 证明: 若 $y_t = \rho y_{t-1} + u_t$, $u_t \sim$ i. i. d. $N(0, \sigma^2)$, 且 $|\rho| < 1$, 则有

$$\sqrt{T}(\hat{\rho} - \rho) \xrightarrow{d} N(0, (1 - \rho^2)).$$

6. 证明: 若 $y_t = \rho y_{t-1} + u_t$, $u_t \sim$ i. i. d. $N(0, \sigma^2)$, 且 $\rho > 1$, 则有

$$\frac{\rho^T}{\rho^2 - 1}(\hat{\rho}_T - \rho) \xrightarrow{d} \text{Cauchy}.$$

7. 单位根检验的 4 种情形在实际应用中如何选择?

8. 检验刻画我国宏观经济和金融的主要变量(如 CPI、GDP、上证指数等)是否是单位根过程。

本章导读

前面介绍的时间序列模型，刻画的是数据在时间维度上的线性相依性。如何刻画时间序列的非线性相依性？非线性相依性在经济学和金融学中有哪些重要的应用？如何估计非线性时间序列模型？如何判断时间序列是否具有非线性特征？本章通过对上述问题进行回答，介绍非线性时间序列在经济学和金融学中的建模和应用。

4.1　参数非线性时间序列模型

一般来讲，时间序列数据的模型可以表示为 $y_t = E(y_t \mid F_{t-1}) + a_t$，其中，$a_t$ 是白噪声序列，$F_{t-1} = \{y_{t-1}, y_{t-2}, \cdots, a_{t-1}, a_{t-2}, \cdots\}$ 包含到时刻 $t-1$ 的所有信息。易见，$E(y_t \mid F_{t-1}) = f(F_{t-1})$，即 y_t 中可预测的部分 $E(y_t \mid F_{t-1})$ 依赖于历史信息 F_{t-1}，具体地依赖形式由 f 给出。第 2 章介绍的 ARMA 模型，取 f 为线性函数，并且对它进行了参数化。如果我们将该建模思路进行一般化拓展，那么参数非线性时间序列可以表示为 $y_t = f(F_{t-1}, \theta) + a_t$，其中 f 为非线性函数。下面介绍 3 类常用的参数非线性时间序列模型。

4.1.1　自激励门限自回归模型

自激励门限自回归（self-exciting threshold autoregressive，SETAR）模型是一类非常常用的非线性自回归模型。其基本设定如下：

对 $j = 1, \cdots, J+1$，当 $\gamma_{j-1} \leqslant y_{t-d} < \gamma_j$ 时，

$$y_t = \phi_0^j + \phi_1^j y_{t-1} + \cdots + \phi_p^j y_{t-p} + a_t^j.$$

这里，J 为区制（regime）个数，$\gamma_1, \cdots, \gamma_J$ 为门限值，d 为延迟阶数，p 为自回归阶数，y_{t-d} 为

门限变量，$\phi_0^j, \cdots, \phi_p^j$ 为第 j 个区制中的自回归模型参数，a_t^j 为白噪声序列。

该模型也可以表示为

$$y_t = \sum_{j=1}^{J+1} (\phi_0^j + \phi_1^j y_{t-1} + \cdots + \phi_p^j y_{t-p} + a_t^j) 1\{\gamma_{j-1} \leq y_{t-d} < \gamma_j\}. \tag{4.1}$$

其中，当 A 为真时，$1\{A\} = 1$；否则其取值为 0。由（4.1）式可知，y_t（的条件期望）是一个分段线性的过程。

当区制个数 J、门限值 $\gamma_1, \cdots, \gamma_J$ 和自回归阶数 p 已知时，模型（4.1）式的参数可以通过分段最小二乘法来估计。在假设区制个数和自回归阶数已知时，Li 和 Ling（2012）建议采用三步法来估计上述模型：（1）对于给定的门限值 $\gamma_0, \cdots, \gamma_J$ 和延迟阶数 d，采用最小二乘法拟合每一段自回归模型的参数，并计算每一段的残差平方和，得到加总的残差平方和 $L(\gamma_0, \cdots, \gamma_J; d)$；（2）采用格点搜索法来估计门限值 $\gamma_1, \cdots, \gamma_J$ 和延迟阶数 d，使得 $L(\gamma_0, \cdots, \gamma_J; d)$ 达到最小；（3）将估计的门限值和延迟阶数代入第（1）步中，得到自回归模型的参数估计。

然而在实际应用中，上述参数通常都是未知的。对于自回归模型的阶，可以采用信息准则（如 AIC）来进行选择，而门限值的个数则可以通过序贯选择（sequential selection）法来估计。具体细节参见 Gonzalo 和 Pitarakis（2002），Li 和 Ling（2012）。Chan、Yau 和 Zhang（2015）将 SETAR 中待估参数的问题转化成一个参数稀疏的问题，并采用 Group Lasso（least absolute shrinkage and selection operator）来快速实现模型参数的估计。对于变点的个数和位置，他们建议采用信息准则的方法，从 Group Lasso 所得的估计值中筛选出来。具体细节可参见 Chan、Yau 和 Zhang（2015）。

4.1.2　平滑转换自回归模型

SETAR 模型在各个区制中都是线性自回归结构，而自回归模型参数在不同区制中取值不同。为了解决不同区制中参数取值离散的问题，平滑转换自回归（smooth transition autoregressive，STAR）模型应运而生（Chan 和 Tong，1986；Terasvirta，1994）。

两区制 STAR(p) 模型设定为

$$y_t = c_0 + \sum_{i=1}^{p} \phi_{0,i} y_{t-i} + F\left(\frac{y_{t-d} - \Delta}{s}\right)\left(c_1 + \sum_{i=1}^{p} \phi_{1,i} y_{t-i}\right) + a_t. \tag{4.2}$$

其中，F（满足 $0 \leq F \leq 1$）为平滑转换函数，通常设定为分布函数，如逻辑分布或指数分布等，Δ 和 s 分别代表位置和尺度参数。在模型（4.2）式中，y_t 的条件期望由平滑转换函数 F

作为权重，将两个自回归条件期望 $c_0 + \sum_{i=1}^{p} \phi_{0,i} y_{t-i}$ 和 $c_1 + \sum_{i=1}^{p} \phi_{1,i} y_{t-i}$ 加权得到。Terasvirta(1994)讨论了 STAR 模型的最小二乘估计。

4.1.3　马尔可夫区制转换自回归模型

Hamilton(1989)提出采用概率来刻画非周期性的经济状态转换。具体地，以两区制为例，马尔可夫区制转换自回归模型为

$$y_t = \begin{cases} c_1 + \sum_{i=1}^{p} \phi_{1,i} y_{t-i} + a_{1t}, & s_t = 1; \\ c_2 + \sum_{i=1}^{p} \phi_{2,i} y_{t-i} + a_{2t}, & s_t = 2. \end{cases} \tag{4.3}$$

这里，s_t 刻画的是潜在的经济状态，它由一个一阶马尔可夫链来驱动，

$$P(s_t = 2 \mid s_{t-1} = 1) = \omega_1, \quad P(s_t = 1 \mid s_{t-1} = 2) = \omega_2. \tag{4.4}$$

Hamilton(1990)采用极大似然估计法，并使用期望-最大化(expectation-maximization)算法来估计模型参数。McCulloch 和 Tsay(1994)采用蒙特卡洛马尔可夫链(Monte Carlo Markov chain)来实现模型参数估计。McCulloch 和 Tsay(1993)采用 Logistic 或 probit 函数将其他解释变量引入概率函数。具体细节参见 Hamilton(1994)。

例 4-1(美国 GNP 数据非线性建模)　本例使用美国 GNP 1947 年第一季度至 2021 年第三季度的数据，共 299 个观测值进行建模和预测，分别拟合前面介绍的 3 个非线性模型，并展示建模和预测的结果。记 GNP 的数据是 $\{y_t\}_{t=1,\cdots,299}$，其增长率为：$x_t = 100(\log y_t - \log y_{t-1})$，$t = 2, \cdots, 299$。两列数据的时序图如图 4-1 所示。

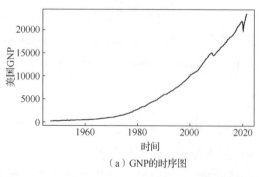
（a）GNP的时序图

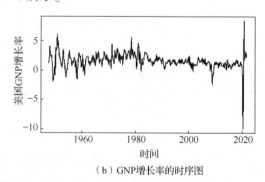
（b）GNP增长率的时序图

图 4-1　美国 GNP 和 GNP 增长率的时序图

我们用增长率的前 278 个数据拟合 SETAR 模型，并用 Chan Yau 和 Zhang(2015)提出的 Group Lasso 的方法对门限值进行估计。正如他们建议的，我们这里选用的 AR 的阶数为 $p^* = 12$，门限变量的滞后阶数 d 是通过 BIC 准则选择的。选择的阶数为 $d=1$，即门限变量是 x_{t-1}。两步估计法计算得到两个门限值，分别是 0.999 和 1.530，它们把整个数据段分成了 3 段。我们在每段上估计出自回归系数，然后根据拟合的门限自回归模型，采用滚动估计的方法预测后面 20 期数据的值。

此外，分别拟合 STAR 模型和马尔可夫区制转换自回归模型。在构造 STAR 模型的过程中，我们选择的 AR 阶数为 $p^* = 12$。通过 BIC 选择门限变量的滞后阶数是 $d=6$，即门限变量是 x_{t-6}，门限值为 2.45。在构造马尔可夫区制转换自回归模型的过程中，我们选择的 AR 阶数仍为 $p^* = 12$，其估计的马尔可夫链的转移矩阵如表 4-1 所示。

表 4-1　马尔可夫链的转移矩阵：美国 GNP 增长率数据

转移概率	$s_t = 1$	$s_t = 2$
$s_{t-1} = 1$	0.489	0.669
$s_{t-1} = 2$	0.511	0.331

最后用简单的线性模型 ARMA 拟合数据。得到的最终模型是 ARMA(1,2)：

$$x_t + 0.4568 x_{t-1} = 1.5606 + e_t - 0.0423 e_{t-1} + 0.2266 e_{t-2}.$$

同样地，计算 SETAR 模型、马尔可夫区制转换自回归模型(以下表示为 Markov)和 ARMA 模型的预测结果。

最终预测的估计值展示在表 4-2 和图 4-2 中。我们用偏差(bias)、均方误差(RMSE)以及平均绝对误差(MAE)来衡量不同预测方法的准确性。

表 4-2　美国 GNP 增长率的预测精度

	bias	RMSE	MAE
SETAR	0.578	4.436	2.342
STAR	0.014	3.057	1.443
Markov	0.463	4.395	2.454
ARMA	-0.473	3.122	1.498

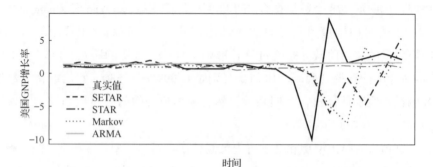

图 4-2　多种方法的 20 步向前预测值和真实值

从图 4-2 中可以发现，SETAR 模型和马尔可夫区制转换自回归模型受异常点影响较大，因此预测效果不佳，而 STAR 和 ARMA 模型预测表现较为稳定。整体而言，STAR 模型的预测效果是最好的。

4.2　非参数时间序列模型

按照非线性时间序列的定义，$y_t = E(y_t \mid F_{t-1}) + a_t = f(F_{t-1}) + a_t$，其中，$a_t$ 是白噪声序列，$F_{t-1} = \{y_{t-1}, y_{t-2}, \cdots, a_{t-1}, a_{t-2}, \cdots\}$ 包含时刻 $t-1$ 及以前的所有信息。参数非线性时间序列模型将 $f(\cdot)$ 参数化，从而将对模型的估计转化为对参数的估计。参数非线性时间序列模型在实际应用中面临的挑战主要有两个：第一，非线性函数的设定是否正确；第二，参数估计通常难以得到全局最优解，或者算法实现较为困难。

为了避免参数非线性模型应用上的困难，一个常用的方法是采用非参数建模。非参数时间序列模型不假设 $f(\cdot)$ 的具体函数形式，采用函数近似理论（局部近似或全局近似），直接利用观测的数据来对整个函数进行估计。相比较参数方法而言，非参数方法更加灵活，可避免回归函数在参数设定时可能出现的函数形式错误。不失一般性，我们考虑非线性回归模型

$$y_t = f(x_t) + a_t,$$

这里 x_t 可以是包含 y_t 的滞后项的解释变量，$E(a_t \mid F_{t-1}) = 0$。下面介绍使用常用的核估计（局部近似）和筛分估计（全局近似）法来估计未知函数 f。

4.2.1　核估计

1. 核估计基础

首先介绍核函数 $k(\cdot): R^q \rightarrow R$。它又被称为权重函数，满足 $\int k(x)\,\mathrm{d}x = 1$。易见，若 $k(\cdot)$ 为核函数，则对任意 $h>0$，$k_h(x) \equiv \dfrac{1}{h}k\left(\dfrac{x}{h}\right)$ 也是核函数。

常用的一元 $(q=1)$ 核函数如下。

（1）均匀（uniform/box）核函数：$k_0(x) = \begin{cases} 1/2, & x \in (-1,1); \\ 0, & \text{其他}. \end{cases}$

（2）Epanechnikov 核函数：$k_1(x) = \begin{cases} \dfrac{3}{4}(1-x^2), & x \in (-1,1); \\ 0, & \text{其他}. \end{cases}$

（3）Gaussian 核函数：$k_\phi(x) = \dfrac{1}{\sqrt{2\pi}}\exp\left\{-\dfrac{x^2}{2}\right\}$。

多元核函数可以由一元核函数乘积简单构造得到，简称乘积核。例如，二元的 Gaussian 核函数 $K_\phi(x_1, x_2) = k_\phi(x_1)k_\phi(x_2)$。

Nadaraya 和 Watson（1964）提出采用如下局部加权的方式来估计未知函数 f：

$$\hat{f}_h(x) = \frac{\sum_{t=1}^{T} K_h(x-x_t)y_t}{\sum_{t=1}^{T} K_h(x-x_t)}. \tag{4.5}$$

(4.5)式中 h 为窗宽参数，它反映了核估计时用到的局部数据量的多少，其取值随着样本量的增大而减小。易见，在上述估计中，时刻 t 的观测值 y_t 的加权权重为 $w_t(x) = \dfrac{K_h(x-x_t)}{\sum_{t=1}^{T} K_h(x-x_t)}$。该权重依赖于待估的函数点 x 和 x_t 的距离。一般而言，距离越大，所附权重越小。因此，该估计方法也被称作局部平滑（local smoothing）法。

2. 窗宽选择

不难发现，比较小的窗宽 h 会使得 $\hat{f}_h(x)$ 波动性较大，特别不光滑；而较大的窗宽 h 则会使得 $\hat{f}_h(x)$ 过于平滑。因此，h 成了核回归的关键参数。h 常见的选择方法有两种，第一种方法是 Silverman(1986) 提出的大拇指(rule-of-thumb)法则，即取

$$\hat{h}_{opt} = \begin{cases} 1.06\, sT^{-\frac{1}{4+q}}, & \text{Gaussian 核}; \\ 2.34 sT^{-\frac{1}{4+q}}, & \text{Epanechnikov 核}. \end{cases} \tag{4.6}$$

其中，s 为 x_t 的样本标准差，T 为样本容量，q 为 x_t 的维度。

第二种方法是交叉验证(cross validation)法，也是目前大多数情况下采用的方法。该方法通过选择最优的窗宽来使得交叉验证(样本外预测)的误差达到最小，即

$$\hat{h}_{cv} = \underset{h \in H}{\text{argmin}} \text{CV}(h). \tag{4.7}$$

其中，$\text{CV}(h) = \dfrac{1}{T} \sum_{j=1}^{T} \left[y_j - \hat{f}_{h,-j}(x_j) \right]^2 W(x_j)$ 为交叉验证的目标函数，$\hat{f}_{h,-j}(x_j) = \dfrac{1}{T-1} \sum_{t \neq j} w_t(x_j) y_t$ 为去掉样本 j 后得到的对 y_j 的预测，$W(x_j)$ 是对预测平方误差加总时用到的权重函数。一般可以选取 $H = \{c \cdot s \cdot T^{-\frac{1}{5}} : c = 0.01, 0.02, \cdots, 3\}$，并采用格点搜索法求得 $\hat{h}_{cv}$。

在核回归中，最优的核函数选择为 Epanechnikov(1969) 核函数，但是核函数的选择对回归函数估计的影响并不大。核函数的选择理论参见 Pagan 和 Ullah(1999)。

例 4-2(非参数核回归和窗宽选择)   本例通过模拟数据来展示非参数核回归及窗宽参数的选择。我们模拟生成数据 x_t 服从一个 AR(2) 过程，即

$$x_t = 0.5x_{t-1} + 0.3x_{t-2} + u_t,$$
$$y_t = \sin(x_t) + e_t, \quad t = 1, \cdots, 2000.$$

其中，$u_t \sim \text{i.i.d.} N(0,1)$，$e_t \sim \text{i.i.d.} N(0,0.25)$。

我们选用 Gaussian 核函数，展示局部常数回归的估计(见(4.5)式)。我们采用大拇指法则选择的窗宽是 $h_1 = 0.3685$，采用交叉验证法(见(4.7)式)选择的窗宽是 $h_2 = 0.2083$。图 4-3 分别展示了真实函数以及在两种窗宽下估计的结果。我们发现两种窗宽下估计的函数曲线都比较贴近真实的函数。

4-1 核回归和窗宽选择

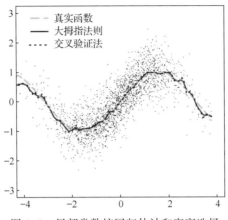

图 4-3 局部常数核回归估计和窗宽选择

3. 局部多项式回归

一类更加广泛的核回归方法是局部多项式(local polynomial)回归。特别地,考虑(对 $q=1$)

$$L(a_0,\cdots,a_p) = \sum_{t=1}^{T} \left[y_t - \sum_{s=0}^{p} a_s (x-x_t)^s \right]^2 K_h(x-x_t).$$

令 $\boldsymbol{X}_t = (1,(x-x_t),\cdots,(x-x_t)^p)'$,易得上述局部加权二次函数的最小值解为

$$\begin{pmatrix} \hat{a}_0 \\ \vdots \\ \hat{a}_p \end{pmatrix} = \left(\sum_{t=1}^{T} \boldsymbol{X}_t \boldsymbol{X}'_t K_h(x-x_t) \right)^{-1} \sum_{t=1}^{T} \boldsymbol{X}_t y_t K_h(x-x_t). \tag{4.8}$$

则 $\hat{a}_0$ 是 $f(x)$ 的估计,而 $s! \ \hat{a}_s$ 是 $f^{(s)}(x)$ (f 的 s 阶导数)的估计。特别地,当 $p=1$ 时,该估计被称为局部线性回归(Fan, 1992);当 $p=0$ 时,该估计被称为局部常数回归,等价于 Nadaraya-Watson 估计。局部线性回归相对局部常数估计来说,在边界处偏差更小。一般来说,高阶多项式有助于减少估计的偏差。在实际数据分析中,局部线性回归和局部三次多项式($p=3$)都被广泛应用。相关估计量具有相合性和渐近正态性,具体参见 Rupert 和 Wand (1994),以及 Masry(1996)。

例 4-3(局部多项式回归) 同例 4-2 相同的数据生成过程模拟数据,采用 Gaussian 核函数和大拇指法则选择窗宽。我们在图 4-4 中分别展示了局部常数、局部线性回归和局部三次函数回归估计(见(4.8)式)的结果。其中局部常数和局部线性回归中的窗宽通过交叉验证法选择,而局部三次函数回归是通过大拇指法则选择窗宽的。我们发现相比局部线性回归和局部三次函数回归估计,局部常数估计不够平滑,在数据的边缘区域表现得特别明显。

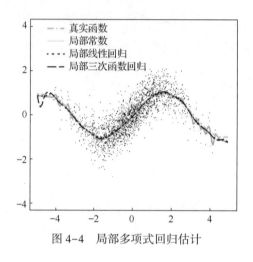

图 4-4　局部多项式回归估计

4.2.2　筛分估计

1. 筛分估计基础

筛分估计是一类将函数在全局近似而得到估计的方法的总称。筛分估计依赖于函数的近似(逼近)理论。具体的,假设未知函数落在一个函数空间,且该函数空间有一组已知基函数 $\{h_j(x)\}_{j=0}^{\infty}$,即有筛分展开

$$f(x) = \sum_{j=0}^{\infty} c_j h_j(x) ,$$

其中,c_j(一般为函数空间的内积)由 $f(x)$ 和 $h_j(x)$ 共同决定,且不依赖于 x。在 $f(x)$ 满足一定的光滑假设下,有(1)当 $j\to\infty$ 时,$c_j\to 0$,(2)当 $k\to\infty$ 时,$\gamma_k(x) = \sum_{j=k}^{\infty} c_j h_j(x) \to 0$(某种收敛意义下)。这使得我们考虑采用筛分展开中的前 k 项来近似求 f

$$f_k(x) = \sum_{j=0}^{k-1} c_j h_j(x).$$

因此，回归模型被近似为

$$y_t = f_k(x_t) + \gamma_k(x_t) + a_t \equiv \sum_{j=0}^{k-1} c_j h_j(x_t) + e_t. \tag{4.9}$$

在该模型(4.9)式中，若将 $h_j(x_t)$ 看成回归变量，将 c_j 看成回归系数，则该模型可以当作线性回归模型来分析。这样，$\{c_j\}_{j=0}^{k-1}$ 可以通过最小二乘法来估计。

在均方误差意义下，最优的阶数为 $k = k_T = O(T^{1/5})$，它一般通过广义交叉验证(Li, 1985)来选取。假设未知函数为 m 阶可导，对 $0 < a < b < \infty$，$0 < d < c < \dfrac{1}{2(m+1)}$，定义

$$N_T = \{p_T, \ p_T + 1, \cdots, q_T\},$$
$$p_T = [aT^d], q_T = [bT^c].$$

广义交叉验证(generalized cross validation)法选取 k 使得

$$k_{\mathrm{GCV}} = \mathop{\mathrm{arginf}}_{k \in N_T} \mathrm{GCV}(n) = \mathop{\mathrm{arginf}}_{k \in N_T} \frac{\hat{\sigma}^2(k)}{\left[1 - \dfrac{k}{T}\right]^2}. \tag{4.10}$$

这里 $\hat{\sigma}^2(k) = \dfrac{1}{T} \sum_{t=1}^{T} \{y_t - \hat{f}_k(x_t)\}^2$。

2. 筛分空间

在介绍对未知函数进行近似计算时，提到需要用它所在的筛分空间。下面介绍常见的筛分空间。

（1）多项式空间

用 $\mathrm{Pol}(k_T)$ 表示定义在区间 $[0,1]$ 内的阶数至多为 k_T 的多项式空间，

$$\mathrm{Pol}(k_T) = \left\{ \sum_{k=0}^{k_T} a_k x^k, x \in [0,1]: a_k \in \mathbf{R} \right\}.$$

（2）三角多项式空间

用 $\mathrm{TriPol}(k_T)$ 表示定义在区间 $[0,1]$ 内的阶数至多为 k_T 的三角多项式空间，

$$\mathrm{TriPol}(k_T) = \left\{ a_0 + \sum_{k=1}^{k_T} [a_k \cos(2k\pi x) + b_k \sin(2k\pi x)], x \in [0,1]: a_k, b_k \in \mathbf{R} \right\}.$$

（3）样条空间

用 $\mathrm{Spl}(r,k_T)$ 表示定义在区间 $[0,1]$ 内的阶数为 r，或者度（degree）为 $m \equiv r-1$，节点数为 k_T 的样条（spline）空间，

$$\mathrm{Spl}(r,k_T) = \left\{ \sum_{k=0}^{r-1} a_k x^k + \sum_{j=1}^{k_T} b_j \left[\max\{x-t_j,0\} \right]^{r-1}, x \in [0,1] : a_k, b_j \in \mathbf{R} \right\}.$$

（4）埃尔米特多项式

对任意两个函数，定义内积 $<f,g> = \int_R f(x)g(x)\exp\{-x^2\}\mathrm{d}x$，

$$H_1(x) = 1 / \sqrt{\int_R \exp\{-x^2\}\mathrm{d}x} = \pi^{-1/4}.$$

对 $k \geqslant 2$，

$$H_k(x) = \frac{x^{k-1} - \sum_{j=1}^{k-1} <x^{k-1},H_j> H_j(x)}{\sqrt{\int_R \left[x^{k-1} - \sum_{j=1}^{k-1} <x^{k-1},H_j> H_j(x) \right]^2 \exp\{-x^2\}\mathrm{d}x}}.$$

用 $\mathrm{HPol}(r,k_T)$ 表示定义在区间 $\mathbf{R}$ 内的阶数至多为 k_T 的埃尔米特多项式空间：

$$\mathrm{HPol}(r,k_T) = \left\{ \sum_{k=0}^{k_T+1} a_k H_k(x)\exp\left\{-\frac{x^2}{2}\right\}, x \in \mathbf{R} : a_k \in \mathbf{R} \right\}.$$

更多关于筛分空间的介绍，以及筛分估计的理论见 Chen（2007）。

例 4-4（筛分回归） 模拟生成数据 x_t 服从一个 AR（2）过程，即

$$x_t = 0.5x_{t-1} + 0.3x_{t-2} + u_t,$$

$$y_t = x_t + 2\sin(x_t) + e_t, t=1,\cdots,2000.$$

其中，$u_t \sim \mathrm{i.i.d.} N(0,1)$，$e_t \sim \mathrm{i.i.d.} N(0,1)$。用筛分回归的方法即（4.9）式进行拟合。这里选用的函数空间为多项式空间，其中基函数的阶数是通过广义交叉验证选取的。具体来说，我们选择的最大阶数为 20。针对 $k=1,2,\cdots,20$，分别考虑多项式基函数 $\{1,x, x^2,\cdots,x^{k-1}\}$，并计算在相应的基函数下，广义交叉验证准则的值，最终选择使得（4.10）式达到最小的阶数为 $k_{\mathrm{GCV}}=9$。图 4-5 展示了利用 $\{1,x,x^2,\cdots,x^8\}$ 作为基进行筛分回归估计的结果。

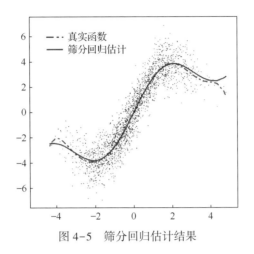

图 4-5 筛分回归估计结果

4.3 半参数时间序列模型

由于非参数估计量的估计精度会随着待估函数中自变量的维度的增大而减小，也就是常说的"维度的诅咒"，在实际建模中通常会将参数时间序列模型和非参数时间序列模型结合起来，建立半参数时间序列模型。这样既可以灵活刻画时间序列的非线性特征，避免完全参数模型的错误设定，又可以在一定程度上减小待估函数的维度。下面介绍常用的半参数时间序列模型。

4.3.1 部分线性回归模型

部分线性回归模型设定为

$$y_t = f(\boldsymbol{x}_t) + a_t = \boldsymbol{x}'_{1t}\boldsymbol{\beta} + g(\boldsymbol{x}_{2t}) + a_t, \tag{4.11}$$

这里 $\boldsymbol{x}_t = (\boldsymbol{x}'_{1t}, \boldsymbol{x}'_{2t})'$，$\boldsymbol{x}_{1t}$ 对 y_t 的影响是线性的，大小由 $\boldsymbol{\beta}$ 来刻画，而 $\boldsymbol{x}_{2t}$ 对 y_t 的影响是非线性的，大小由未知函数 $g(\cdot)$ 来刻画。该模型由 Robinson(1988) 提出，他还讨论了基于核函数的估计方法。

4.3.2 单因子回归模型

单因子回归模型设定为

$$y_t = f(\boldsymbol{x}_t) + a_t = g(\boldsymbol{x}'_t\boldsymbol{\beta}) + a_t. \tag{4.12}$$

这里 x_t 对 y_t 的影响是通过线性因子 $x_t'\beta$ 经过非线性未知函数 $g(\cdot)$ 变换后产生的。该模型由 Ichimura(1993)最早提出，他还讨论了基于非线性最小二乘法和核函数构造的估计方法。

4.3.3 可加模型

可加模型设定为

$$y_t = f(\boldsymbol{x}_t) + a_t = g_1(\boldsymbol{x}_{1t}) + \cdots + g_l(\boldsymbol{x}_{lt}) + a_t. \tag{4.13}$$

这里 $\boldsymbol{x}_t = (\boldsymbol{x}_{1t}', \cdots, \boldsymbol{x}_{lt}')'$，对 $s = 1, \cdots, l$，$\boldsymbol{x}_{st}$ 对 y_t 的影响是非线性的，大小由未知函数 $g_s(\cdot)$ 来刻画，而所有变量对 y_t 的影响满足可加的形式。该模型由 Buja、Hastie 和 Tibshirani(1989)提出，他们还讨论了迭代拟合(backfitting)估计法。Linton 和 Nielsen(1995)讨论了基于核函数的边际积分(marginal integration)估计法。

4.3.4 变系数模型

变系数模型设定为

$$y_t = f(\boldsymbol{x}_t) + a_t = \boldsymbol{x}_{2t}'\beta(\boldsymbol{x}_{1t}) + a_t, \tag{4.14}$$

这里 $\boldsymbol{x}_t = (\boldsymbol{x}_{1t}', \boldsymbol{x}_{2t}')'$，$\boldsymbol{x}_{2t}$ 对 y_t 的影响是非线性的，大小由 $\beta(\boldsymbol{x}_{1t})$ 来刻画。该模型最早由 Cai、Fan 和 Yao(2000)提出，他们还讨论了基于局部线性核函数加权的最小二乘估计。Li、Huang、Li 和 Fu(2002)讨论了局部常数估计法。

对于前面介绍的半参数时间序列模型，它们的基于核函数的估计方法，参见 Li 和 Racine(2007)。这些模型的筛分估计方法相对比较简单，只需要将未知函数通过筛分展开，然后利用最小二乘法即可估计得到未知参数的估计，参见 Li 和 Racine(2007, pp. 445~502)。

例 4-5(半参数回归) 采用部分线性回归模型生成模拟数据：x_t 服从一个 AR(2)过程，z_t 服从一个 MA(2)过程：

$$x_t = 0.5x_{t-1} + 0.3x_{t-2} + u_t,$$
$$z_t = e_t + 0.5e_{t-1} + 0.3e_{t-2},$$
$$y_t = 1 + \beta x_t + g(z_t) + a_t, t = 1, \cdots, 2000.$$

其中，$u_t \sim \text{i.i.d. } N(0,1)$，$e_t \sim \text{i.i.d. } N(0,1)$。假设 u_t 和 e_t 之间是相互独立的。$a_t \sim \text{i.i.d. } N(0,0.25)$。这里 $\beta = 1$，$g(z) = \sin(z)$。

利用核回归的方法拟合函数 $g(\cdot)$。np 包中的 npplregbw()函数可以帮助我们用交叉验证的方法选择窗宽，用局部常数的方法拟合函数。用 npplreg()函数估计线性部分的系数和函

数 $g(\cdot)$。我们选择的是高斯核函数。估计的线性部分的系数为 0.991，其标准差为 0.0014。
$g(\cdot)$ 函数的核估计如图 4-6 所示。

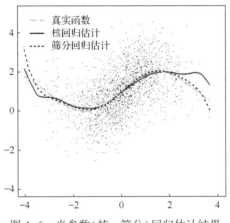

图 4-6　半参数(核、筛分)回归估计结果

另外，我们用筛分回归的方法估计 β 和拟合函数 $g(\cdot)$。这里同样采用多项式空间，并用广义交叉验证的方法选择基函数的阶数。我们选择的最大阶数为 20，最优阶数为 8。我们估计的 β 为 1.0009，标准差为 0.016。关于 $g(\cdot)$ 函数的筛分回归的结果同样展示在图 4-6 中。从图 4-6 中可以发现两种回归估计在数据集中的部分表现较好，而在数据较少的部分都存在偏差，但筛分回归拟合得更好。

4.4　非线性检验

如何判断时间序列数据是否具有非线性特征呢？下面介绍常用的检验非线性的方法，包括参数方法和非参数方法。

4.4.1　参数非线性检验

1. RESET 检验

Ramsey(1969)提出基于回归残差的模型设定检验(regression specification error test，RE-SET)。考虑 $AR(p)$ 模型，

$$y_t = \boldsymbol{x}'_{t-1}\boldsymbol{\phi} + a_t.$$

其中，$\boldsymbol{x}_{t-1}=(1,y_{t-1},\cdots,y_{t-p})$。记 $\boldsymbol{\phi}$ 的最小二乘估计量为 $\hat{\boldsymbol{\phi}}$，则得 $\hat{y}_t=\boldsymbol{x}_{t-1}'\hat{\boldsymbol{\phi}}$，$\hat{a}_t=y_t-\hat{y}_t$，残差平方和 $SSR_0=\sum\hat{a}_t^2$。考虑回归

$$\hat{a}_t=\boldsymbol{x}_{t-1}'\boldsymbol{\beta}_1+\boldsymbol{Z}_{t-1}\boldsymbol{\beta}_2+u_t,$$

其中，$\boldsymbol{Z}_{t-1}=(\hat{y}_t^2,\cdots,\hat{y}_t^{l+1})'$，$l\geqslant 1$。采用最小二乘法估计，计算得到残差平方和 $SSR_1=\sum\hat{u}_t^2$。

RESET 检验的基本思想是：如果线性自回归模型对于刻画数据的相依性是充分的，则 $H_0:\boldsymbol{\beta}_1=\boldsymbol{\beta}_2=0$ 成立。对此，可以采用 F 检验

$$F=\frac{\dfrac{SSR_0-SSR_1}{g}}{\dfrac{SSR_1}{T-p-g}},\quad g=s+p+1. \tag{4.15}$$

在 H_0 下，且数据服从正态分布时，F 统计量服从 F 分布 $F(g,T-p-g)$。

为了提高检验的功效，Tsay(1986) 在 $\boldsymbol{Z}_{t-1}$ 中包含 $\boldsymbol{x}_{t-1}$ 的平方项和交叉相乘项，Luukkonen 等(1988)进一步考虑加入 $\boldsymbol{x}_{t-1}$ 的三次方项来检验 STAR 模型的非线性特征。

2. 门限检验

我们以单门限自回归模型为例，介绍如何检验门限模型中的非线性是否存在。考虑

$$y_t=\begin{cases}\phi_{1,0}+\sum\limits_{i=1}^{p}\phi_{1,i}y_{t-i}+a_{1t}, & x_{t-d}<r_1,\\[2mm]\phi_{2,0}+\sum\limits_{i=1}^{p}\phi_{2,i}y_{t-i}+a_{2t}, & x_{t-d}\geqslant r_1.\end{cases}$$

原假设为该模型为线性模型，即 $H_0:\phi_{1,i}=\phi_{2,i},i=0,1,\cdots,p$。备择假设为上述 SETAR 模型。在假设扰动项服从正态分布的情况下，分别计算获得在原假设和备择假设(假设门限值 r_1 已知)下的对数似然函数最大值，记为 $l_0(\hat{\boldsymbol{\phi}}_1,\hat{\sigma}_a^2)$ 和 $l_1(r_1;\hat{\boldsymbol{\phi}}_1,\hat{\sigma}_1^2;\hat{\boldsymbol{\phi}}_2,\hat{\sigma}_2^2)$。一般来说，我们可以考虑将似然比

$$l(r_1)=l_1(r_1;\hat{\boldsymbol{\phi}}_1,\hat{\sigma}_1^2;\hat{\boldsymbol{\phi}}_2,\hat{\sigma}_2^2)-l_0(\hat{\boldsymbol{\phi}}_1,\hat{\sigma}_a^2) \tag{4.16}$$

作为检验统计量。然而，检验统计量(4.16)式中的门限值 r_1 在原假设下未知(不存在)。常用的方法是采用

$$l=\sup_{r_1\in[u,v]}l(r_1).$$

这里 u,v 是预设的门限下界值和上界值。该统计量的极限分布和分位数需要用数值模拟来求得。具体参见 Davis(1987)、Andrews 和 Ploberger(1994)。

下面介绍 Tsay(1989)提出的基于 F 检验统计量构造的门限效应检验方法,该方法可以避免出现上述似然比检验中的冗余参数,并且分布为标准分布。记 $y_{(1)} \leqslant y_{(2)} \leqslant \cdots \leqslant y_{(T-d)}$ 为序列 $\{y_1, \cdots, y_{T-d}\}$ 的次序统计量。Tsay(1989)的 TAR-F 检验按照下列步骤进行。

第 1 步:考虑回归模型

$$y_{(j)+d} = \beta_0 + \sum_{i=1}^{p} \beta_i y_{(j)+d-i} + a_{(j)+d}, j = 1, \cdots, T-d,$$

并使用最小二乘法对数据 $j = 1, \cdots, m$(如 $m = 30$)拟合序列 $y_{(j)+d}$,记拟合的系数为 $\hat{\beta}_{i,m}$。

第 2 步:计算预测残差 $\hat{a}_{(m+1)+d}$,并得到标准化的残差 $\hat{e}_{(m+1)+d}$。

第 3 步:更新数据以包含 $y_{(m+1)+d}$,并重新采用最小二乘法估计模型,记估计量为 $\hat{\beta}_{i,m+1}$。

第 4 步:重复第 2 步和第 3 步,直至所有数据都完成估计。

第 5 步:考虑回归模型

$$\hat{e}_{(m+j)+d} = \alpha_0 + \sum_{i=1}^{p} \alpha_i y_{(m+j)+d-i} + v_t, j = 1, \cdots, T-d-m.$$

并计算检验 $H_0: \alpha_i = 0, i = 0, 1, \cdots, p$ 的 F 检验统计量。在原假设 y_t 来自线性模型 AR(p)时,F 检验统计量服从 F 分布 $F(p+1, T-d-p-m)$。

例 4-6(参数非线性检验)　我们考虑 y_t 来自线性模型 ARMA(1,1)

$$y_t + 0.5y_{t-1} = e_t + 0.5e_{t-1}, t = 1, \cdots, 500.$$

首先采用 RESET 检验,得到的检验统计量为 0.225,p 值为 0.636,0.636>0.05。而门限效应似然比检验的统计量为 9.266,p 值为 0.344,0.344>0.05。因此,两个检验都无法拒绝线性模型的原假设。

其次考虑单门限自回归模型:

$$y_t = \begin{cases} 0.5y_{t-1} + a_{1t}, & y_{t-1} < 0.1, \\ -1.8y_{t-1} + a_{2t}, & y_{t-1} \geqslant 0.1. \end{cases}$$

其中,$a_{1t}, a_{2t} \sim N(0,1)$。RESET 检验的检验统计量为 129,$p$ 值为 2.2×10^{-16}。门限效应似然比检验的统计量为 212,p 值为 0,所以两个检验在 5% 的置信水平下都拒绝线性模型的原假设。

4.4.2 非参数模型设定检验

参数模型设定检验需要设定具体的备择假设，其检验功效在备择假设不成立时可能会很弱。非参数模型设定检验则不需要设定备择假设下具体的函数形式，从而对更加广泛的备择假设具有检验功效。下面介绍两个经典的非参数模型设定检验。

以非线性时间序列回归为例。考虑

$$y_t = m(x_t) + e_t, t = 1, 2, \cdots, T. \tag{4.17}$$

其中 $\{x_t\}$ 是 d 维平稳的时间序列，e_t 是一个鞅差过程，且满足 $0 < E(e_t^2 \mid x_t = x) = \sigma^2(x) < \infty$。回归函数 $m(x)$ 的具体形式未知，我们希望通过数据来判断它是否属于某一个函数类。具体地，感兴趣的假设为

$$H_0: m(x) = m_{\theta_0}(x), \ 对 \ \forall x \in R^d, \ \theta_0 \in \Theta;$$

$$H_1: m(x) = m_{\theta_1}(x) + C_T \Delta(x), \ \theta_1 \in \Theta.$$

其中，$m_\theta(\cdot)$ 为已知函数类(如线性函数)，但 θ 的真值 θ_0 未知。$\theta_1 \in \Theta$ 且 θ_1 为参数空间中可能不同于 θ_0 的一个值。$\Delta(x)$ 是一个非零函数，用于度量原假设和备择假设直接的差异。C_T 是一个随样本量 T 增加而收敛到 0 的序列，用来考虑检验对局部偏离原假设下的检验功效。

1. 基于 L2 距离的检验

Hardle 和 Mammen(1993)提出，可以通过度量原假设和备择假设下回归函数估计量之间的 L2 距离来构造检验统计量。具体地，考虑 Nadaraya-Watson 估计量

$$\hat{m}_h(x) = \frac{\sum\limits_{t=1}^{T} K_h(x - x_t) y_t}{\sum\limits_{t=1}^{T} K_h(x - x_t)},$$

局部平滑的参数回归估计量

$$\widetilde{m_{\hat{\theta}}}(x) = \frac{\sum\limits_{t=1}^{T} K_h(x - x_t) \, m_{\hat{\theta}}(x_t)}{\sum\limits_{t=1}^{T} K_h(x - x_t)}.$$

其中，$\hat{\theta}$ 是原假设下 θ_0 的一个 $\sqrt{T}$ 的相合估计量(如最小二乘估计量或极大似然估计量等)。

$$K_h(\cdot) = \frac{1}{h^d} K\left(\frac{\cdot}{h}\right),\ K(\cdot)\ \text{是一个核函数},\ h\ \text{为窗宽参数}_\circ$$

基于 L2 距离的检验统计量为

$$I_{T,HM}(h) = Th^{\frac{d}{2}} \int \{\hat{m}_h(x) - \widetilde{m_{\hat{\theta}}}(x)\}^2 w(x)\,\mathrm{d}x.$$

$w(x)$ 为权重函数。若取 $w(x) = \left[T^{-1}\sum\limits_{t=1}^{T} K_h(x - x_t)\right]^2$，则可化简得

$$I_{T,HM}(h) = \frac{1}{T}\sum_{s=1}^{T}\sum_{t=1}^{T}\hat{e}_s\,\hat{e}_t\,\overline{K}_h(x_s, x_t). \tag{4.18}$$

这里，$\hat{e}_t = y_t - m_{\hat{\theta}}(x_t)$，$\overline{K}_h(x_s, x_t) = \prod\limits_{j=1}^{d} h_j^{-1}\overline{k}\left(\dfrac{x_{sj} - x_{tj}}{h_s}\right)$，$\overline{k}(v) = \int k(u)k(v+u)\,\mathrm{d}u$ 为卷积核函数。该统计量的极限分布为正态分布，具体参见 Li 和 Racine（2007）。

2. 基于条件均值距离的检验

在原假设下，由 $E(e_t \mid x_t) = 0$ 可得，$E[e_t E(e_t \mid x_t)\mid x_t] = E\{[(E(e_t \mid x_t)]^2\} = 0$。因此，$E[e_t E(e_t \mid x_t)\mid x_t] = [E(e_t \mid x_t)]^2 = 0$，其中 $f(\cdot)$ 为 x_t 的密度函数。该期望可以通过下述统计量进行估计。

$$\begin{aligned}
I_T(h) &= \frac{1}{T}\sum_{s=1}^{T}\hat{e}_s\left\{\frac{1}{T-1}\sum_{t=1,\,t\neq s}^{T}\hat{e}_t\,K_h(x_s, x_t)\right\}\\
&= \frac{1}{T(T-1)}\sum_{s=1}^{T}\sum_{t=1,\,t\neq s}^{T}\hat{e}_s\,\hat{e}_t\,K_h(x_s, x_t).
\end{aligned} \tag{4.19}$$

该统计量的极限分布同样为正态分布。经过标准化后，可采用下述统计量来进行检验。

$$J_T = \frac{Th^{\frac{d}{2}} I_T(h)}{\sqrt{\hat{\sigma}^2}} \xrightarrow{d} N(0,1). \tag{4.20}$$

其中

$$\hat{\sigma}^2 = \frac{2h^d}{T(T-1)}\sum_{s=1}^{T}\sum_{t=1,\,t\neq s}^{T}\hat{e}_s^2\,\hat{e}_t^2\,K_h^2(x_s, x_t),$$

它是 $\sigma^2 = 2\left[\int u^2 k(u)\,\mathrm{d}u\right]^d E[\sigma^4(X)f(X)]$ 的相合估计。具体见 Zheng（1997）、Li（1999）、Li 和 Racine（2007）。

由于上面的检验统计量均涉及窗宽参数，故而在检验中较难以选取。Li 和 Wang（1998）

提出了借助自助抽样方法来实现该检验,从而避免了检验结果对窗宽参数敏感的问题。下面以 J_n 为例介绍自助抽样检验的步骤。

第 1 步:对 $t=1,\cdots,T$,生成两点抽样分布残差

$$e_t^* = \begin{cases} [\,(1-\sqrt{5}\,)/2\,]\hat{e}_t, & \text{概率为 } r=\dfrac{1+\sqrt{5}}{2\sqrt{5}}, \\[4mm] [\,(1+\sqrt{5}\,)/2\,]\hat{e}_t, & \text{概率为 } 1-r. \end{cases}$$

第 2 步:生成抽样数据 $y_t^* = m_{\hat{\theta}}(x_t)+e_t^*$,$t=1,\cdots,T$。将 $\{x_t,y_t^*\}_{t=1}^T$ 称为抽样样本。接下来,利用抽样样本来计算参数模型中的参数估计值,$\hat{\theta}^*$ 和抽样残差,$\hat{e}_t^* = y_t^* - m_{\hat{\theta}^*}(x_t)$。

第 3 步:用抽样残差 $\{\hat{e}_t^*\}$ 代替计算 J_T((4.20)式)中用到的 $\{\hat{e}_t\}$,得到抽样的统计量 J_T^*。

第 4 步:重复步骤 1~3 $b=1,\cdots,B(=399)$ 次,得到抽样统计量 $\{J_T^{*b}\}_{b=1}^B$。利用它来构造 J_T 的抽样分布。记 $J_T^{*(\alpha B)}$ 为 $\{J_T^{*b}\}_{b=1}^B$ 的上分位数,若 $J_T > J_T^{*(\alpha B)}$,则在置信水平 α($=0.05$)下拒绝原假设。等价地,计算 p 值 $=\dfrac{1}{B}\sum_{b=1}^B 1\{J_T > J_T^{*b}\}$,若 p 值 $<\alpha$,则在置信水平 $\alpha(=0.05)$ 下拒绝原假设。

该检验的具体步骤可以由 R 程序包 np 来实现。

例 4-7(非参数非线性检验) 首先考虑线性模型。其数据生成过程为:x_t 服从一个 AR(2)过程,即

4-2 非参数模型
设定检验

$$x_t = 0.5x_{t-1}+0.3x_{t-2}+u_t,$$

$$y_t = x_t + e_t,\ t=1,\cdots,2000.$$

其中,$u_t \sim \text{i.i.d.}\,N(0,1)$,$e_t \sim \text{i.i.d.}\,N(0,1)$。检验该模型是否满足 H_0:存在 $a,b,c \in \mathbf{R}$,$m(x)=ax+bx^2+cx^3$。做基于条件均值距离的模型设定检验,检验统计量 $J_n=0.279$,自助抽样检验计算得到的 p 值为 0.183,0.183>0.05,说明在置信水平 5% 下,应该接受原假设。

接着考虑非线性模型,其数据生成过程为:x_t 服从一个 AR(2)过程,

$$x_t = 0.5x_{t-1}+0.3x_{t-2}+u_t,$$

$$y_t = \sin(x_t)+e_t,\ t=1,\cdots,2000.$$

其中,$u_t \sim \text{i.i.d.}\,N(0,1)$,$e_t \sim \text{i.i.d.}\,N(0,1)$。我们做相同的假设检验,其检验统计量 $J_n=79.087$,p 值为 0,0<0.05,说明在置信水平 5% 下,我们应该拒绝原假设。

4.5　案例分析

　　本案例考虑对美国失业率数据进行建模和预测。通过分析美国 1948 年 1 月至 2019 年 12 月的失业率数据，展示多种线性时间序列模型和本章所介绍的非线性时间序列模型的实际应用。从图 4-7 中可以看出，美国失业率数据呈现出一定的季节性。通过 X–13 对数据进行季节性调整，调整后的数据如图 4-8 所示。

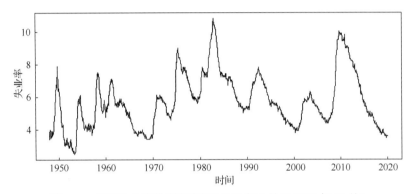

图 4-7　美国失业率数据时序图（1948 年 1 月至 2019 年 12 月）

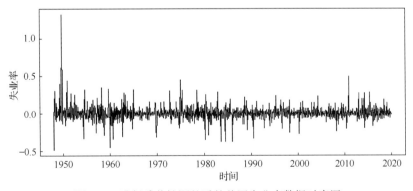

图 4-8　进行季节性调整后的美国失业率数据时序图

　　令 x_t 代表进行季节性调整后失业率的序列，用 $y_t = \Delta x_t = x_t - x_{t-1}$ 代表失业率的变化。对 y_t 拟合线性模型，得到如下 ARMA(2,3) 模型估计：

$$y_t+0.7358y_{t-1}-0.2038y_{t-2}=e_t-1.8551e_{t-1}+1.0227e_{t-1}-0.1623e_{t-3}.$$

其中，5 个系数的标准差依次为 0.2938、0.2119、0.2959、0.5200、0.2435。

为了检验模型是否是线性的，我们做门限效应似然比检验。对于 $p=2,\cdots,6$，线性假设 $AR(p)$ 均被拒绝。其中，$AR(2)$ 检验的统计量为 22.94，p 值为 0.001，$0.001<0.05$。因此我们拒绝线性的原假设，而需要考虑一些非线性模型。

下面建立非线性模型。首先，用 SETAR 模型对数据进行拟合，并对门限值和模型的系数进行估计。这里拟合一个单门限自回归模型。通过 BIC 选择门限变量的滞后阶数 $d=6$，且估计的门限值为 -0.1088。该门限值将整个模型时间段分成了两部分，其中在前半部分拟合的 AR 模型的阶数为 4，后半部分则为 10。直观来说，失业率的变化大小会受到半年前的值的影响。

在构造马尔可夫区制转换自回归模型的过程中，我们选择的 AR 模型的阶数和 SETAR 模型一致，其估计的马尔可夫链的转移矩阵如表 4-3 所示。

表 4-3　马尔可夫链的转移矩阵：美国失业率数据

	$s_t=1$	$s_t=2$
$s_{t-1}=1$	0.808	0.793
$s_{t-1}=2$	0.192	0.207

与此同时，用核回归和筛分回归的方法去拟合这个数据集，并建立两种回归模型。针对核回归模型，由于上述 Markov 模型在状态 1 的情况下拟合为 $AR(4)$ 模型，这里首先考虑四阶滞后项。我们选用 Gaussian 核函数来进行局部线性回归估计，其中窗宽是通过交叉验证法选择的。针对筛分回归模型，令 y_{t-1} 为自变量。这里选用的是多项式空间，其中选用基函数的阶数是通过广义交叉验证选取的。具体来说，我们选择的最大阶数为 20。针对 $k=1$，$2,\cdots,20$，分别考虑多项式基函数 $\{1,x,x^2,\cdots,x^{k-1}\}$，并计算在相应的基函数下广义交叉验证准则的值，最终选择使得 GCV 达到最小的阶数为 $k_{GCV}=5$。

最后，比较多个模型的预测表现。该数据集一共包含 863 个时间点，用前 843 个时间点拟合上述的模型。接下来用拟合的模型对后面 20 期数据进行预测，并最终展示预测的结果。

我们在表 4-4 和图 4-9 中展示多个模型的预测表现。用偏差（bias）、均方误差（RMSE）以及平均绝对误差（MAE）来衡量不同预测方法的准确性。

表 4-4 美国失业率的预测精度

	bias	RMSE	MAE
ARMA	−0.001	0.099	0.080
SETAR	−0.002	0.063	0.047
Markov	−0.015	0.089	0.066
Kernel	−0.002	0.066	0.048
Sieve	−0.004	0.079	0.063

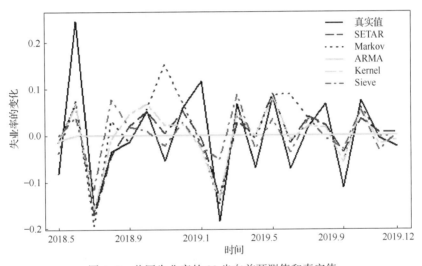

图 4-9 美国失业率的 20 步向前预测值和真实值

从图 4-9 中可以发现，ARMA 模型倾向于预测一个稳定的值，而其他模型都会随着时间的变化产生一定的波动。从表 4-4 中可以看出，就偏差而言，几种模型的偏差都相对较小，只有马尔可夫区制转换自回归模型稍微有所偏差；就 RMSE 和 MAE 而言，SETAR 模型和核回归表现较好，马尔可夫区制转换自回归模型和筛分回归表现次之，线性 ARMA 模型表现最差。

习题

1. 列举常见的参数非线性时间序列模型，并对它们各自能够刻画的时间序列数据特征进行描述。

2. 如何检验一组给定的时间序列数据中是否具有非线性特征？

3. 什么是核函数？常用的核函数有哪些？

4. 如何在核回归中选择窗宽参数？

5. 什么是筛分估计？常用的筛分空间有哪些？如何选择筛分估计中的筛分阶数？

6. 列举一个半参数时间序列模型，并论述如何对模型进行估计。

7. 如何利用非参数方法检验线性模型的设定是否符合数据的特征？

8. 列举你所熟悉的具有非线性特征的时间序列数据，并采用恰当的模型进行建模和预测。

第5章　协整时间序列模型

本章导读

　　在第3章中，我们介绍了单位根检验，阐述了单位根下全新的统计推断结果。那么在回归模型中，如果解释变量为单位根过程，模型的统计推断如何进行？例如，如何判断变量的显著性？本章将介绍非平稳时间序列回归模型中的两种重要情形，即虚假回归和协整，以及在经济和金融学数据分析中如何对它们进行统计推断和区分。

5.1　虚假回归

　　在介绍单位根过程时，曾描述醉汉的移动轨迹为随机游走。如果在同一个空间有一条叼着骨头来回开心奔跑的小狗，则它的移动轨迹也可以近似用随机游走来刻画。假如我们记录下醉汉和这条小狗的位置数据，并做线性回归，会得到什么结论呢？如果你觉得这个回归的系数应该不显著，那么请仔细学习下面关于虚假(伪)回归(spurious regression)的内容。

5.1.1　虚假回归的发现

　　Granger 和 Newbold(1974)做了一个数值模拟实验，发现了单位根时间序列进行回归的有趣的新现象。具体地，他们生成两个独立的单位根过程，即

$$y_t = y_{t-1} + v_t, \quad x_t = x_{t-1} + w_t, \quad t = 1, \cdots, T.$$

其中，$v_t, w_t \sim \text{i.i.d.} \ N(0,1)$。初始值 $x_0 = y_0 = 100$，样本量 $T = 50$。他们进而考虑了线性回归

5-1　虚假回归

$$y_t = \hat{\alpha} + \hat{\beta}x_t + \hat{u}_t, \quad t = 1, \cdots, T.$$

其中，$\hat{\alpha}$ 和 $\hat{\beta}$ 为最小二乘估计量，并通过最小二乘估计量的 t 检验统计量来检验原假设 H_0：$\beta = 0$。重复上面的步骤 100 次，他们计算出统计量 $S = \dfrac{|\hat{\beta}|}{\hat{\sigma}_{\hat{\beta}}}$.

在模拟实验中 S 的频数分布如表 5-1 所示。

表 5-1　S 的频数分布

S	0~1	1~2	2~3	3~4	4~5	5~6	6~7	7~8
频数	13	10	11	13	18	8	8	5
S	8~9	9~10	10~11	11~12	12~13	13~14	14~15	15~16
频数	3	3	1	5	0	1	0	1

按照传统的 t 检验，当 $S > 1.96$ 时，在 5% 的置信水平下拒绝原假设。由表 5-1 可知，100 次重复实验中，至少有 77 次原假设被拒绝，即两个独立的单位根过程进行线性回归，有 77% 的可能性发现它们之间存在显著的线性关系。Granger 和 Newbold 的实验很好地刻画了前面提到的醉汉的移动轨迹和小狗的移动轨迹的关系。实验的结果非常反直觉，从而也推动了计量经济学理论的发展，让经济学中的数据分析充满挑战。

两个独立的单位根过程在线性回归中存在显著相关性的现象，被称为虚假（伪）回归。这一现象在单位根的非线性回归中同样存在，见 Phillips（2009），Tu 和 Wang（2022）。这一现象在近似单位根过程的回归中也存在，见 Chen 和 Tu（2019）、Lin 和 Tu（2020）以及其中所回顾的文献。

5.1.2　虚假回归的特征

在虚假回归中，除了 t 值非常大并且统计意义上显著之外，Granger 和 Newbold 还发现回归的 R^2 特别大，非常接近于 1；回归的残差存在较强的序列相依性，接近单位根过程（Durbin-Watson 统计量接近于 0）。为了说明这些特征，生成两个独立的单位根过程，即

$$y_t = y_{t-1} + v_t, \quad x_t = x_{t-1} + w_t, \quad t = 1, \cdots, T.$$

其中，$v_t, w_t \sim$ i.i.d. $N(0,1)$。初始值 $x_0 = y_0 = 100$，样本量 $T = 100$。考虑线性回归

$$y_t = \hat{\alpha} + \hat{\beta}x_t + \hat{u}_t, \quad t = 1, \cdots, T.$$

计算回归的最小二乘估计量、估计量的 t 检验统计量、回归的 R^2、Durbin-Watson 统计量。

将上述步骤重复 500 次，图 5-1 展示了这 4 个统计量的核密度估计的结果。我们发现 t 检验统计量的绝对值较大，Durbin-Watson 统计量接近于 0。

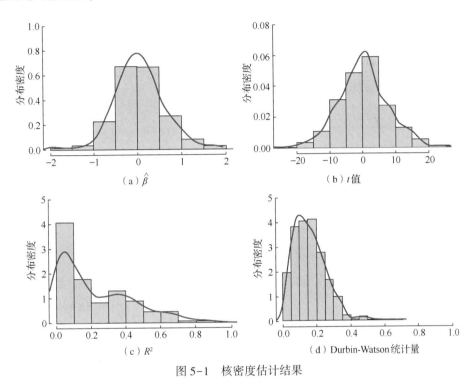

图 5-1 核密度估计结果

两个独立单位根过程之间的虚假统计相关关系使得经济学家对于单位根过程的回归结果不置可否，困扰了经济学家长达 12 年。直到 1986 年，Phillips 从理论上解释了虚假回归现象。Phillips（1986）证明：（1）虚假回归中 β 的 t 检验统计量以 $\sqrt{T}$ 的速度随样本量 T 增加发散到无穷；（2）R^2 收敛到一个随机变量；（3）Durbin-Watson 统计量依概率收敛到 0。

当两个单位根过程不独立时，虚假回归的现象同样存在。Phillips（1986）证明，只要两个单位根过程不存在协整（Engle 和 Granger，1982），那么它们之间的回归都是虚假回归。因此，协整是单位根过程进行回归的一个重要前提。我们将在 5.2 节具体介绍协整理论和它所刻画的经济学中的现象。其他虚假回归现象的理论探讨见 Phillips（2009）、Tu 和 Wang（2022）、Chen 和 Tu（2019）、Lin 和 Tu（2020），等等。

5.2 协整模型

2003 年诺贝尔经济学奖得主 Clive Granger 的主要贡献就是发现了刻画经济时间序列共同趋势的协整(cointegration)模型。下面介绍协整的定义，Engle 和 Granger(1982)发现的协整的误差修正表示和检验协整的方法。

5.2.1 协整的定义

定义 5.1(协整)　一个 $n \times 1$ 维向量时间序列 $\boldsymbol{y}_t$ 是协整的，当它的每一个子序列都是单位根过程，且存在非零的向量 $\boldsymbol{a} \in R^n$，使得线性组合 $\boldsymbol{a}' \boldsymbol{y}_t$ 是一个平稳过程时成立。此时，$\boldsymbol{a}$ 被称为协整向量。

例 5-1　考虑两个时间序列，即

$$y_{1t} = \gamma y_{2t} + u_{1t}, y_{2t} = y_{2,t-1} + u_{2t}, \gamma \neq 0.$$

其中，u_{1t} 和 u_{2t} 为两个不相关的白噪声序列。易见，$y_{1t} = y_{1,t-1} - u_{1,t-1} + u_{1t} + \gamma u_{2t}$ 和 y_{2t} 均为单位根过程，且它们的线性组合 $y_{1t} - \gamma y_{2t} = u_{1t}$ 是平稳的。因此，$\boldsymbol{y}_t = (y_{1t}, y_{2t})'$ 是协整的，协整向量为 $\boldsymbol{a}' = (1, -\gamma)$。它们生成的时序图($\gamma = 1$)如图 5-2 所示。由图 5-2 可见，两个序列各自有非常明显的随机趋势，但是两个序列呈现出共同的(相似的)随机趋势，彼此"手拉手"地随机增长。该特征在收入和消费(凯恩斯消费理论)两个序列的时序图中也同样存在，如图 1-10 所示。

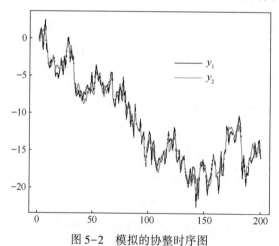

图 5-2　模拟的协整时序图

如果 $\boldsymbol{y}_t$ 的元素个数多于 $2(n>2)$，则可能存在两个 $n\times1$ 维向量 $\boldsymbol{a}_1$ 和 $\boldsymbol{a}_2$ 使得 $\boldsymbol{a}_1'\boldsymbol{y}_t$ 和 $\boldsymbol{a}_2'\boldsymbol{y}_t$ 都是平稳的，其中 $\boldsymbol{a}_1$ 和 $\boldsymbol{a}_2$ 是线性独立的，即不存在标量 b 使得 $\boldsymbol{a}_2=b\boldsymbol{a}_1$。一般地，可能存在线性独立的 $n\times h(h<n)$ 维矩阵 $\boldsymbol{A}=(\boldsymbol{a}_1,\cdots,\boldsymbol{a}_h)$ 使得 $\boldsymbol{A}'\boldsymbol{y}_t$ 成为 $h\times1$ 维的平稳向量。

如果存在 $h\times n$ 维矩阵 $\boldsymbol{A}'$，它的行向量是线性独立的，且 $\boldsymbol{A}'\boldsymbol{y}_t$ 是 $h\times1$ 维平稳向量。如果对任意一个向量 $\boldsymbol{c}$，它与 $\boldsymbol{A}'$ 的行线性独立，则 $\boldsymbol{c}'\boldsymbol{y}_t$ 是一个非平稳的序列，则 $\boldsymbol{y}_t$ 的元素刚好构成 h 个协整关系，且 $(\boldsymbol{a}_1,\cdots,\boldsymbol{a}_h)$ 构成协整向量空间的基(basis)。

5.2.2　协整的误差修正表示

在例 5-1 中，$y_{1t}=y_{1,t-1}-u_{1,t-1}+u_{1t}+\gamma u_{2t}$ 和 y_{2t} 均为单位根过程，且它们的线性组合 $y_{1t}-\gamma y_{2t}=u_{1t}$ 是平稳的。对于单位根过程，我们易知差分序列 $\Delta y_{1t},\Delta y_{2t}$ 是平稳过程。如果需要对这两个序列进行建模，根据 Wold 分解定理，则其滑动平均表示为

5-2　协整的误差
修正表示

$$\Delta \boldsymbol{y}_t \equiv \begin{bmatrix} \Delta y_{1t} \\ \Delta y_{2t} \end{bmatrix} = \boldsymbol{\Psi}(B) \begin{bmatrix} \varepsilon_{1t} \\ \varepsilon_{2t} \end{bmatrix}, \tag{5.1}$$

其中，$\varepsilon_{2t}\equiv u_{2t}$，$\varepsilon_{1t}\equiv\gamma u_{2t}+u_{1t}$ 为白噪声序列，分别为采用滞后的 y_{1t},y_{2t} 预测未来的误差，

$$\boldsymbol{\Psi}(B)=\begin{pmatrix} 1-B & \gamma B \\ 0 & 1 \end{pmatrix}.$$

如果差分序列存在一个 VAR 表示，则有

$$\boldsymbol{\Phi}(B)\Delta \boldsymbol{y}_t=\boldsymbol{\varepsilon}_t,$$

其中，$\boldsymbol{\Phi}(B)=\left[\boldsymbol{\Psi}(B)\right]^{-1}$。然而，$\boldsymbol{\Psi}(z)$ 存在一个根为 1，

$$|\boldsymbol{\Psi}(1)|=\begin{vmatrix} 1-1 & \gamma \\ 0 & 1 \end{vmatrix}=0.$$

因此，$\boldsymbol{\Psi}(z)$ 的逆不存在，从而不存在 $\Delta \boldsymbol{y}_t$ 的一个 VAR 表示。

这是什么原因呢？需要注意的是，例 5-1 中的 y_{2t} 包含对 y_{1t} 具有预测力的协整信息，而这些信息在差分后的序列 $\Delta \boldsymbol{y}_t$ 的自回归表示中并不能反映出来。为了清楚地说明，利用 $u_{1,t-1}=y_{1,t-1}-\gamma y_{2,t-1}$，由 $\boldsymbol{y}_t$ 的 VAR 表示

$$\begin{pmatrix} y_{1t} \\ y_{2t} \end{pmatrix}=\begin{pmatrix} y_{1,t-1} \\ y_{2,t-1} \end{pmatrix}-\begin{pmatrix} u_{1,t-1} \\ 0 \end{pmatrix}+\begin{pmatrix} \gamma u_{2t}+u_{1t} \\ u_{2t} \end{pmatrix}$$

$$=\begin{pmatrix} y_{1,t-1} \\ y_{2,t-1} \end{pmatrix}+\begin{pmatrix} -1 & \gamma \\ 0 & 0 \end{pmatrix}\begin{pmatrix} y_{1,t-1} \\ y_{2,t-1} \end{pmatrix}+\begin{pmatrix} \gamma u_{2t}+u_{1t} \\ u_{2t} \end{pmatrix},$$

可得

$$
\begin{pmatrix} \Delta y_{1t} \\ \Delta y_{2t} \end{pmatrix} = \begin{pmatrix} -1 & \gamma \\ 0 & 0 \end{pmatrix} \begin{pmatrix} y_{1,t-1} \\ y_{2,t-1} \end{pmatrix} + \begin{pmatrix} \gamma u_{2t} + u_{1t} \\ u_{2t} \end{pmatrix}
$$

$$
\equiv \begin{pmatrix} -1 \\ 0 \end{pmatrix} z_{t-1} + \begin{pmatrix} \varepsilon_{1t} \\ \varepsilon_{2t} \end{pmatrix},
$$

其中，$z_t = y_{1t} - \gamma y_{2t}$，$\varepsilon_{1t} = \gamma u_{2t} + u_{1t}$，$\varepsilon_{2t} = u_{2t}$。

上述表示告诉我们，在存在协整关系的 VAR 系统 $\boldsymbol{y}_t$ 中，我们需要在差分序列 $\Delta \boldsymbol{y}_t$ 的 VAR 表示中同时加入序列的滞后项 $\boldsymbol{y}_{t-1}$，才能够充分地解释 $\Delta \boldsymbol{y}_t$。而这些滞后项将以平稳变量 z_{t-1} 的形式出现，以体现 $\boldsymbol{y}_{t-1}$ 的线性协整组合对差分序列的可预测力。z_{t-1} 被称为误差修正项（error correction term），它刻画的是协整关系对预测差分序列的影响，故上述表示也被称为协整的误差修正模型（error correction model，ECM）。

前面通过例 5-1 简单地阐释了协整的误差修正表示。下面把误差修正表示模型拓展到一般的协整模型设定。具体地，考虑 $\boldsymbol{y}_t$ 为 p 阶自回归模型：

$$
\begin{aligned}
\boldsymbol{y}_t &= \boldsymbol{\alpha} + \boldsymbol{\Phi}_1 \boldsymbol{y}_{t-1} + \boldsymbol{\Phi}_2 \boldsymbol{y}_{t-2} + \cdots + \boldsymbol{\Phi}_p \boldsymbol{y}_{t-p} + \boldsymbol{\varepsilon}_t \\
&= \boldsymbol{\Phi}(B) \boldsymbol{y}_t = \boldsymbol{\alpha} + \boldsymbol{\varepsilon}_t.
\end{aligned} \tag{5.2}
$$

假设 $\Delta \boldsymbol{y}_t$ 存在 Wold 分解，即

$$
(1-B) \boldsymbol{y}_t = \delta + \boldsymbol{\Psi}(L) \boldsymbol{\varepsilon}_t.
$$

如果 $\boldsymbol{y}_t$ 中存在 h 个协整关系，则可以证明：（1）$\boldsymbol{\Phi}(1)\delta = 0$，$\boldsymbol{\Phi}(1)\boldsymbol{\Psi}(1) = 0$；（2）存在一个 $n \times h$ 的矩阵 $\boldsymbol{B}$，使得 $\boldsymbol{\Phi}(1) = \boldsymbol{B}\boldsymbol{A}'$，其中，$\boldsymbol{A}'$ 中的行构成协整向量空间的基。具体细节见 Hamilton（1994，pp. 579）。

容易得到如下等价表述。

$$
\boldsymbol{y}_t = \boldsymbol{\zeta}_1 \Delta \boldsymbol{y}_{t-1} + \boldsymbol{\zeta}_2 \Delta \boldsymbol{y}_{t-2} + \cdots + \boldsymbol{\zeta}_{p-1} \Delta \boldsymbol{y}_{t-p+1} + \boldsymbol{\alpha} + \boldsymbol{\rho} \boldsymbol{y}_{t-1} + \boldsymbol{\varepsilon}_t,
$$

其中，$\boldsymbol{\zeta}_s = -[\boldsymbol{\Phi}_{s+1} + \cdots + \boldsymbol{\Phi}_p]$，$\boldsymbol{\rho} \equiv \boldsymbol{\Phi}_1 + \boldsymbol{\Phi}_2 + \cdots + \boldsymbol{\Phi}_p$。两边同时减去 $\boldsymbol{y}_{t-1}$ 得

$$
\Delta \boldsymbol{y}_t = \boldsymbol{\zeta}_1 \Delta \boldsymbol{y}_{t-1} + \boldsymbol{\zeta}_2 \Delta \boldsymbol{y}_{t-2} + \cdots + \boldsymbol{\zeta}_{p-1} \Delta \boldsymbol{y}_{t-p+1} + \boldsymbol{\alpha} + \boldsymbol{\zeta}_0 \boldsymbol{y}_{t-1} + \boldsymbol{\varepsilon}_t,
$$

这里

$$
\boldsymbol{\zeta}_0 \equiv \boldsymbol{\rho} - \boldsymbol{I}_n = -(\boldsymbol{I}_n - \boldsymbol{\Phi}_1 - \boldsymbol{\Phi}_2 - \cdots - \boldsymbol{\Phi}_p) = -\boldsymbol{\Phi}(1).
$$

若 $\boldsymbol{y}_t$ 包含 h 个协整关系，则有

$$
\Delta \boldsymbol{y}_t = \boldsymbol{\zeta}_1 \Delta \boldsymbol{y}_{t-1} + \boldsymbol{\zeta}_2 \Delta \boldsymbol{y}_{t-2} + \cdots + \boldsymbol{\zeta}_{p-1} \Delta \boldsymbol{y}_{t-p+1} + \boldsymbol{\alpha} - \boldsymbol{B} z_{t-1} + \boldsymbol{\varepsilon}_t.
$$

其中，$z_t \equiv \boldsymbol{A}' \boldsymbol{y}_t$ 为平稳协整变量。

上述结果即 Granger 误差修正表示(Hamilton，1994，pp. 579~582)。它所描述的是长期均衡(协整关系)对序列短期波动(差分序列)的影响。在例 5-1 中，易得

$$\boldsymbol{\zeta}_0 = \begin{pmatrix} -1 & \gamma \\ 0 & 0 \end{pmatrix}, \quad \boldsymbol{B} = \begin{pmatrix} -1 \\ 0 \end{pmatrix}, \quad z_t = y_{1t} - \gamma y_{2t}.$$

可见，长期协整 z_t 对短期波动的影响由 $\boldsymbol{B}$ 来刻画。特别地，长期均衡仅对 y_{1t} 产生影响，而对 y_{2t} 并没有影响。因此，在对 y_{1t} 进行预测时，考虑协整变量有利于提高预测精度。

5.2.3　协整的检验

下面介绍如何通过数据来判断变量之间是否存在协整。我们分情况逐一介绍。

1. 给定协整向量下的协整检验

考虑最简单的情形下的协整检验。当协整向量 $\boldsymbol{a}$ 给定时，协整检验可以利用第 3 章介绍的单位根检验来实现。该方法具体可以分两步进行。

第 1 步：采用单位根检验，如 ADF 检验等，检验 $\boldsymbol{y}_t$ 中的每一个序列是否为单位根时间序列。如果是，则进入第 2 步；否则，协整不存在。

第 2 步：对序列 $z_t = \boldsymbol{a}' \boldsymbol{y}_t$ 进行单位根检验。若存在单位根，则协整不存在；否则 $\boldsymbol{y}_t$ 存在协整，且协整向量为 $\boldsymbol{a}$。

下面通过一个例子来说明具体检验的过程。

例 5-2(购买力平价)　购买力平价是国际经济学中的一个重要理论。该理论认为，在除去运输成本后，同一商品在不同国家的有效价格应该相同。以 P_t 表示美国的 CPI 水平(以美元计价)，P_t^* 表示意大利的 CPI 水平(以里拉计价)，S_t 表示两种货币之间的汇率(美元每里拉)。如果购买力平价理论成立，则有 $P_t = S_t P_t^*$ 或者 $p_t = s_t + p_t^*$，其中 $p_t = 100 [\log(P_t) - \log(P_{2010:1})]$，$p_t^*$ 和 s_t 也可类似地定义。该理论的一个较弱的形式为 $z_t \equiv p_t - s_t - p_t^*$，即对数实际汇率是平稳序列，尽管价格和汇率都是单位根过程。

为了检验购买力平价理论，我们采用 2010 年 1 月至 2021 年 12 月美国和意大利的 CPI 和汇率，如图 5-3 所示。

第 1 步，验证 p_t, p_t^*, s_t 均为单位根时间序列。

第 2 步，检验序列 $z_t \equiv p_t - s_t - p_t^*$ 是否为单位根时间序列。根据经济学理论，该序列不应该存在时间趋势，也与图 5-3 呈现的数据特征相符合。对此，采用 ADF 检验中的第二种情

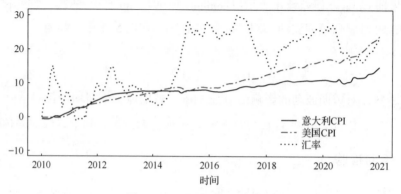

图 5-3　CPI 和汇率的时序图

形，得到拟合的最小二乘估计为

$$z_t = -0.712 + 0.284\ \Delta z_{t-1} - 0.953\ z_{t-1}.$$
$$(0.336)\quad(0.079)\qquad\quad(0.021)$$

因此，易得 ADFt 统计量为

$$t = \frac{0.953-1}{0.021} = -2.240.$$

和第二种情形下的 5% 临界值相比发现，$-2.240 > -2.88$，即检验统计量的值较大。因此，单位根的原假设无法拒绝。利用 F 检验来同时检验 $\rho=1$ 和截距项为 0，计算得到 F 统计量 $2.555 < 4.66$。因此，单位根的原假设同样被接受。所以，3 个序列的协整关系不成立。z_t 的时序图如图 5-4 所示。

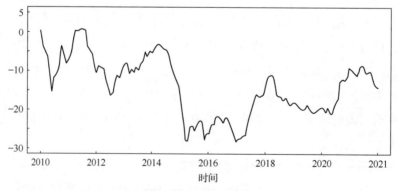

图 5-4　z_t 的时序图

在上述的单位根检验中，对 z_t 采用 Phillips-Perron 检验、Z_ρ 检验和 Z_t 检验也会得出同样的结论。

2. 协整向量未知时的协整检验

5-3 协整检验

如果协整向量未知，则首先需要估计协整向量，然后检验协整是否存在。考虑通过最小二乘法和极大似然法来估计协整向量，并构造协整检验的方法。

（1）最小二乘法和残差单位根检验

① $h=1$。若存在唯一协整向量 $a \in R^n$，使得 $z_t = a'y_t$ 平稳，则协整向量 a 可以通过最小化 $T^{-1}\sum z_t^2 = T^{-1}\sum (a'y_t)^2$ 来估计。同时为了可识别性，可以对 a 进行正则化，如将某个元素标准化为 1 或者 $\|a\|=1$。如果 a 是协整向量，则 $T^{-1}\sum(a'y_t)^2$ 将依概率收敛到 z_t 的二阶矩，否则它将发散到无穷。因此，用最小二乘法可以得到 a 的相合估计。由于最小二乘回归中的解释变量均为单位根过程（类似单位根过程的自回归），因此最小二乘估计量将会是以速度 T 超相合的，快于平稳序列下最小二乘估计量 $T^{1/2}$ 的收敛速度。具体细节见 Phillips 和 Durlauf(1986)、Stock(1987)、Hamilton(1994，pp. 587~589，601-608)。

② $h>1$。如果多于一个协整关系，则最小二乘估计将会估计哪一个协整关系呢？由于最小二乘法估计的是线性投影(linear projection)，而线性投影给出的是残差与解释变量正交（不相关）的线性组合，从而在众多协整关系中，最小二乘法将会选择估计与所有解释变量的其他单位根组合正交且方差最小的协整关系。具体讨论见 Hamilton(1994，pp. 590~591)。

③ $h=0$。如果没有协整关系，则最小二乘法估计的是伪回归。此时，最小二乘估计得到的残差 $\hat{u}_t$ 将会是单位根过程。该性质可以帮助我们构造协整检验的方法。如果不存在协整，则 $\hat{u}_t$ 对 $\hat{u}_{t-1}$ 的回归会得到一个接近于 1 的系数估计值；否则，该回归系数应该显著小于 1。Phillips 和 Ouliaris(1990)正是利用该思想来进行协整的检验的。他们首先采用最小二乘法估计回归方程

$$y_{1t} = \alpha + \gamma_2 y_{2t} + \gamma_3 y_{3t} + \cdots + \gamma_n y_{nt} + u_t.$$

然后利用得到的残差 $\hat{u}_t$ 来构造单位根检验统计量，如 ADF 检验统计量，或者 Phillips-Perron 的 Z_ρ 或 Z_t 检验统计量。这些统计量的构造与第 3 章介绍的对观测序列进行单位根检验相同，不同的是它们的极限分布。

与单位根检验类似，该检验分为 3 种情形。

① 情形 1

估计协整回归：$y_{1t} = \gamma_2 y_{2t} + \cdots + \gamma_n y_{nt} + u_t$。

数据生成过程：$\Delta \boldsymbol{y}_t = \sum \boldsymbol{\Psi}_s \boldsymbol{\varepsilon}_{t-s}$。

② 情形 2

估计协整回归：$y_{1t} = \alpha + \gamma_2 y_{2t} + \cdots + \gamma_n y_{nt} + u_t$。

数据生成过程：$\Delta \boldsymbol{y}_t = \sum \boldsymbol{\Psi}_s \boldsymbol{\varepsilon}_{t-s}$。

③ 情形 3

估计协整回归：$y_{1t} = \alpha + \gamma_2 y_{2t} + \cdots + \gamma_n y_{nt} + u_t$。

数据生成过程：$\Delta \boldsymbol{y}_t = \sum \boldsymbol{\Psi}_s \boldsymbol{\varepsilon}_{t-s} + \boldsymbol{\delta}, \boldsymbol{\delta} = (\delta_1, \cdots, \delta_n)$，其中 $\delta_2, \cdots, \delta_n$ 中至少有 1 个非零。

在这 3 种情形下，3 个统计量的极限分布比较复杂。数值模拟生成的分位数如表 5-2 所示。

表 5-2　对伪回归残差做 Phillips-Perron Z_ρ 检验的统计量的临界值

回归中变量的数量（不包含趋势项或者截距项）	样本量（T）	$(T-1)(\hat{\rho}-1)$ 的下分位数						
		0.010	0.025	0.050	0.075	0.100	0.125	0.150
情形 1								
1	500	-22.8	-18.9	-15.6	-13.8	-12.5	-11.6	-10.7
2	500	-29.3	-25.2	-21.5	-19.6	-18.2	-17.0	-16.0
3	500	-36.2	-31.5	-27.9	-35.5	-23.9	-22.6	-21.5
4	500	-42.9	-37.5	-33.5	-30.9	-28.9	-27.4	-26.2
5	500	-48.5	-42.5	-38.1	-33.8	-33.8	-32.3	-30.9
情形 2								
1	500	-28.3	-23.8	-20.5	-18.5	-17.0	-15.9	-14.9
2	500	-34.2	-29.7	-26.1	-23.9	-22.2	-21.0	-19.9
3	500	-41.1	-35.7	-32.1	-29.5	-27.6	-26.2	-25.1
4	500	-47.5	-41.6	-37.2	-34.7	-32.7	-31.2	-29.9
5	500	-52.2	-46.5	-41.9	-39.1	-37.0	-35.5	-34.2

回归中变量的数量 （不包含趋势项 或者截距项）	样本量（T）	$(T-1)(\hat{\rho}-1)$ 的下分位数						
		0.010	0.025	0.050	0.075	0.100	0.125	0.150
情形 3								
1	500	−28.9	−24.8	−21.5	—	−18.1	—	—
2	500	−35.4	−30.8	−27.1	−24.8	−23.2	−21.8	−20.8
3	500	−40.3	−36.1	−32.2	−29.7	−27.8	−26.5	−25.3
4	500	−47.4	−42.6	−37.7	−35.0	−33.2	−31.7	−30.3
5	500	−53.6	−47.1	−42.5	−39.7	−37.7	−36.0	−34.6

例 5-3（我国消费和收入） 我们收集了 1982 年至 2019 年我国消费和收入的年度数据，并做了对数处理。图 1-10 为消费和收入数据取对数之后的时序图。

我们发现消费和收入之间展现出协同变化的均衡特征。为了检验这两个时间序列之间是否存在协整关系，针对 3 个情形分别做协整检验。

令取对数后的消费序列为 c_t，取对数后的收入序列为 i_t。针对情形 1，拟合得到模型：

$$i_t = \underset{(0.00132)}{1.103} \quad c_t + u_t.$$

对得到的残差序列拟合 AR(1) 模型：

$$\hat{u}_t = \underset{(0.0430)}{-0.0109} + \underset{(0.0649)}{0.909} \quad \hat{u}_{t-1} + \hat{e}_t.$$

相应得到的 Z_ρ 和 Z_t 统计量为 −6.190 和 −1.598，其对应的 p 值为 0.739 和 0.731，均大于 0.05。所以无法拒绝残差是单位根过程的原假设，即消费和收入序列之间不存在协整关系。

针对情形 2，拟合得到模型：

$$i_t = \underset{(0.06341)}{0.11124} + \underset{(0.00771)}{1.08996} \quad c_t + u_t.$$

对得到的残差序列拟合 AR(1) 模型：

$$\hat{u}_t = \underset{(0.0363)}{-0.0130} + \underset{(0.0673)}{0.8913} \quad \hat{u}_{t-1} + \hat{e}_t.$$

相应得到的 Z_ρ 和 Z_t 统计量为 −6.122 和 −1.577，其对应的 p 值为 0.744 和 0.739，均大于

0.05。所以无法拒绝残差是单位根过程的原假设，即消费和收入序列之间不存在协整关系。类似地，针对情形 3，得到相同的结果，即消费和收入序列之间不存在协整关系。

对伪回归残差做 Dickey–Fuller t 检验的统计量的临界值如表 5–3 所示。

表 5–3　对伪回归残差做 Dickey–Fuller t 检验的统计量的临界值

回归中变量的数量（不包含趋势项或者截距项）	样本量(T)	$(\hat{\rho}-1)/\hat{\sigma}_{\hat{\rho}}$的分位数						
		0.010	0.025	0.050	0.075	0.100	0.125	0.150
情形 1								
1	500	−3.39	−3.05	−2.76	−2.58	−2.45	−2.35	−2.26
2	500	−3.84	−3.55	−3.27	−3.11	−2.99	−2.88	−2.79
3	500	−4.30	−3.99	−3.74	−3.57	−3.44	−3.35	−3.26
4	500	−4.67	−4.38	−4.13	−3.95	−3.81	−3.71	−3.61
5	500	−4.99	−4.67	−4.40	−4.25	−4.14	−4.04	−3.94
情形 2								
1	500	−3.96	−3.64	−3.37	−3.20	−3.07	−2.96	−2.86
2	500	−4.31	−4.02	−3.77	−3.58	−3.45	−3.35	−3.26
3	500	−4.73	−4.37	−4.11	−3.96	−3.83	−3.73	−3.65
4	500	−5.07	−4.71	−4.45	−4.29	−4.16	−4.05	−3.96
5	500	−5.28	−4.98	−4.71	−4.56	−4.43	−4.33	−4.24
情形 3								
1	500	−3.98	−3.68	−3.42	—	−3.13	—	—
2	500	−4.36	−4.07	−3.80	−3.65	−3.52	−3.42	−3.33
3	500	−4.65	−4.39	−4.16	−3.98	−3.84	−3.74	−3.66
4	500	−5.04	−4.77	−4.49	−4.32	−4.20	−4.08	−4.00
5	500	−5.36	−5.02	−4.74	−4.58	−4.46	−3.36	−4.28

（2）极大似然估计和似然比检验

令 $\boldsymbol{y}_t$ 表示 $n \times 1$ 维向量，它来自 VAR(p) 模型，则它可以表示为

$$\Delta \boldsymbol{y}_t = \boldsymbol{\zeta}_1 \Delta \boldsymbol{y}_{t-1} + \cdots + \boldsymbol{\zeta}_{p-1} \Delta \boldsymbol{y}_{t-p+1} + \boldsymbol{\alpha} + \boldsymbol{\zeta}_0 \boldsymbol{y}_{t-1} + \boldsymbol{\varepsilon}_t,$$

其中，$E(\boldsymbol{\varepsilon}_t) = 0, E(\boldsymbol{\varepsilon}_t \boldsymbol{\varepsilon}_t') = \boldsymbol{\Omega}$。若每一个 y_{it} 都是 $I(1)$，但 h 个 y_t 的线性组合是平稳的，则有 $\boldsymbol{\zeta}_0 = -\boldsymbol{B}\boldsymbol{A}'$，其中 $\boldsymbol{B}$ 是 $n \times h$ 维矩阵，$\boldsymbol{A}'$ 是 $h \times n$ 维矩阵。

对于 $\boldsymbol{y}_t$ 的 $T+p$ 个观测值，$\boldsymbol{y}_{-p+1}, \cdots, \boldsymbol{y}_T$，若 $\boldsymbol{\varepsilon}_t$ 满足正态分布，则在给定 $(\boldsymbol{y}_{-p+1}, \cdots, \boldsymbol{y}_0)$ 下，$(\boldsymbol{y}_1, \cdots, \boldsymbol{y}_T)$ 的对数条件似然函数为

$$L(\boldsymbol{\Omega}, \boldsymbol{\zeta}_1, \cdots, \boldsymbol{\zeta}_{p-1}, \boldsymbol{\alpha}, \boldsymbol{\zeta}_0) = \left(-\frac{Tn}{2}\right) \log(2\pi) - \left(\frac{T}{2}\right) \log |\boldsymbol{\Omega}|^{-\frac{1}{2}} \times$$

$$\sum_{t=1}^{T} \left[(\Delta \boldsymbol{y}_t - \boldsymbol{\zeta}_1 \Delta \boldsymbol{y}_{t-1} - \cdots - \boldsymbol{\zeta}_{p-1} \Delta \boldsymbol{y}_{t-p+1} - \boldsymbol{\alpha} - \boldsymbol{\zeta}_0 \boldsymbol{y}_{t-1})' \boldsymbol{\Omega}^{-1} \times \right.$$

$$\left. (\Delta \boldsymbol{y}_t - \boldsymbol{\zeta}_1 \Delta \boldsymbol{y}_{t-1} - \cdots - \boldsymbol{\zeta}_{p-1} \Delta \boldsymbol{y}_{t-p+1} - \boldsymbol{\alpha} - \boldsymbol{\zeta}_0 \boldsymbol{y}_{t-1}) \right],$$

其中，$(\boldsymbol{\Omega}, \boldsymbol{\zeta}_1, \cdots, \boldsymbol{\zeta}_{p-1}, \boldsymbol{\alpha}, \boldsymbol{\zeta}_0)$ 为未知参数且满足约束条件 $\boldsymbol{\zeta}_0 = -\boldsymbol{B}\boldsymbol{A}'$。

极大似然估计可以按照下述 3 个步骤来实现。

第 1 步：计算辅助回归。

① 采用 OLS 估计 $(p-1)$ 阶 VAR，即

$$\Delta \boldsymbol{y}_t = \hat{\boldsymbol{\pi}}_0 + \hat{\boldsymbol{\Pi}}_1 \Delta \boldsymbol{y}_{t-1} + \hat{\boldsymbol{\Pi}}_2 \Delta \boldsymbol{y}_{t-2} + \cdots + \hat{\boldsymbol{\Pi}}_{p-1} \Delta \boldsymbol{y}_{t-p+1} + \hat{\boldsymbol{u}}_t,$$

其中，$\hat{\boldsymbol{\Pi}}_i$ 表示 $n \times n$ 维 OLS 系数矩阵估计，$\hat{\boldsymbol{u}}_t$ 表示 $n \times 1$ 维残差向量。

② 采用 OLS 估计回归方程

$$\boldsymbol{y}_{t-1} = \hat{\boldsymbol{\theta}} + \hat{\boldsymbol{\aleph}}_1 \Delta \boldsymbol{y}_{t-1} + \hat{\boldsymbol{\aleph}}_2 \Delta \boldsymbol{y}_{t-2} + \cdots + \hat{\boldsymbol{\aleph}}_{p-1} \Delta \boldsymbol{y}_{t-p+1} + \hat{\boldsymbol{v}}_t,$$

其中，$\hat{\boldsymbol{v}}_t$ 表示 $n \times 1$ 维残差向量。

第 2 步：计算典型相关系数。

① 计算 OLS 估计残差 $\hat{\boldsymbol{u}}_t$ 和 $\hat{\boldsymbol{v}}_t$ 的样本方差–协方差矩阵，即

$$\hat{\boldsymbol{\Sigma}}_{UU} = \frac{1}{T} \sum \hat{\boldsymbol{u}}_t \hat{\boldsymbol{u}}_t', \hat{\boldsymbol{\Sigma}}_{UV} = \frac{1}{T} \sum \hat{\boldsymbol{u}}_t \hat{\boldsymbol{v}}_t' = \hat{\boldsymbol{\Sigma}}_{VU}, \hat{\boldsymbol{\Sigma}}_{VV} = \frac{1}{T} \sum \hat{\boldsymbol{v}}_t \hat{\boldsymbol{v}}_t'.$$

② 计算矩阵 $\hat{\boldsymbol{\Sigma}}_{VV}^{-1} \hat{\boldsymbol{\Sigma}}_{VU} \hat{\boldsymbol{\Sigma}}_{UU}^{-1} \hat{\boldsymbol{\Sigma}}_{UV}$ 的特征值。

记计算得到的特征值为 $\hat{\lambda}_1 > \cdots > \hat{\lambda}_n$，即 $\hat{\boldsymbol{u}}_t$ 和 $\hat{\boldsymbol{v}}_t$ 的典型相关系数。在存在 h 个协整关系的约束下，对数似然函数的最大值为

$$L^* = -(Tn/2)\log(2\pi) - (Tn/2) - (T/2)\log|\hat{\boldsymbol{\Sigma}}_{UU}| - (T/2)\sum_{t=1}^{h}\log(1-\hat{\lambda}_i).$$

第 3 步：计算参数的极大似然估计。

记 $n\times1$ 维向量 $\hat{\boldsymbol{a}}_1,\cdots,\hat{\boldsymbol{a}}_h$ 为矩阵 $\hat{\boldsymbol{\Sigma}}_{VV}^{-1}\hat{\boldsymbol{\Sigma}}_{VU}\hat{\boldsymbol{\Sigma}}_{UU}^{-1}\hat{\boldsymbol{\Sigma}}_{UV}$ 的特征向量中对应于前 h 个最大特征值的特征向量，且满足标准化 $\hat{\boldsymbol{a}}_i'\hat{\boldsymbol{\Sigma}}_{VV}\hat{\boldsymbol{a}}_i=1$。则有 $\boldsymbol{A}$ 的估计为 $\hat{\boldsymbol{A}}\equiv[\hat{\boldsymbol{a}}_1,\cdots,\hat{\boldsymbol{a}}_h]$，$\boldsymbol{\zeta}_0$ 的估计为 $\hat{\boldsymbol{\zeta}}_0=\hat{\boldsymbol{\Sigma}}_{UV}\hat{\boldsymbol{A}}\hat{\boldsymbol{A}}'$，$\boldsymbol{\zeta}_i$ 的估计为 $\hat{\boldsymbol{\zeta}}_i=\hat{\boldsymbol{\Pi}}_i-\hat{\boldsymbol{\zeta}}_0\hat{\aleph}_i$，$\boldsymbol{\alpha}$ 的估计为 $\hat{\boldsymbol{\alpha}}=\hat{\boldsymbol{\pi}}_0-\hat{\boldsymbol{\zeta}}_0\hat{\theta}$，$\boldsymbol{\Omega}$ 的估计为

$$\hat{\boldsymbol{\Omega}}=\frac{1}{T}\sum_{t=1}^{T}[(\hat{\boldsymbol{u}}_t-\hat{\boldsymbol{\zeta}}_0\hat{\boldsymbol{v}}_t)(\hat{\boldsymbol{u}}_t-\hat{\boldsymbol{\zeta}}_0\hat{\boldsymbol{v}}_t)'].$$

考虑检验在 $n\times1$ 维向量 $\boldsymbol{y}_t$ 中存在 h 个协整关系，即

H_0：$\boldsymbol{y}_t$ 中存在 h 个协整关系；

H_{A1}：$\boldsymbol{y}_t$ 中存在 n 个协整关系。

在 H_0 下，有 $\boldsymbol{\zeta}_0=-\boldsymbol{BA}'$，且似然函数的最大值为

$$L_0^* = -(Tn/2)\log(2\pi) - (Tn/2) - (T/2)\log|\hat{\boldsymbol{\Sigma}}_{UU}| - \left(\frac{T}{2}\right)\sum_{i=1}^{h}\log(1-\hat{\lambda}_i).$$

在 H_{A1} 下，$\boldsymbol{y}_t$ 的任意线性组合都是平稳的，从而对 $\boldsymbol{\zeta}_0$ 没有任何约束。此时，似然函数的最大值为

$$L_{A1}^* = -(Tn/2)\log(2\pi) - (Tn/2) - (T/2)\log|\hat{\boldsymbol{\Sigma}}_{UU}| - \left(\frac{T}{2}\right)\sum_{i=1}^{n}\log(1-\hat{\lambda}_i).$$

按照似然比检验的构造方式，可以使用迹（trace）统计量

$$2(L_{A1}^* - L_0^*) = -T\sum_{i=h+1}^{n}\log(1-\hat{\lambda}_i), \tag{5.3}$$

来检验。

除了可以考虑备择假设 H_{A1}，也可以考虑如下备择假设。

H_{A2}：$\boldsymbol{y}_t$ 中存在 $h+1$ 个协整关系。

在 H_{A2} 下，似然函数的最大值为

$$L_{A2}^* = -(Tn/2)\log(2\pi) - (Tn/2) - (T/2)\log|\hat{\boldsymbol{\Sigma}}_{UU}| - \left(\frac{T}{2}\right)\sum_{i=1}^{h+1}\log(1-\hat{\lambda}_i).$$

于是可以使用特征值（eigenvalue）统计量

$$2(L_{A2}^* - L_0^*) = -T\log(1-\hat{\lambda}_{h+1}) \tag{5.4}$$

来进行检验。

迹统计量和特征值统计量的极限分布都是非标准的，且依赖于下面 3 种不同的情形。

情形 1：$\alpha=0$，且在辅助回归中不包含常数项（y_t 没有确定时间趋势）。

情形 2：$\alpha=B\mu_1^*$，$\mu_1^*=Ez_t$，$z_t=A'y_t$，且辅助回归中常数项不受任何约束（y_t 没有确定时间趋势）。

情形 3：$\alpha-B\mu_1^*$ 中至少有 1 个非零（y_t 至少有一个元素有确定时间趋势）。

这 3 种情形下的分位数如表 5-4 和表 5-5 所示。

表 5-4　Johansen 似然比检验统计量的临界值

（原假设：有 h 个协整关系。备择假设：没有限制）

随机游走的个数（g）	样本量（T）	$2(L_A-L_0)$ 的分位数					
		0.500	0.200	0.100	0.050	0.025	0.001
情形 1							
1	400	0.58	1.82	2.86	3.84	4.93	6.51
2	400	5.42	8.45	10.47	12.53	14.43	16.31
3	400	14.30	18.83	21.63	24.31	26.64	29.75
4	400	27.10	33.16	36.58	39.89	42.30	45.58
5	400	43.79	51.13	55.44	59.46	62.91	66.52
情形 2							
1	400	2.415	4.905	6.691	8.083	9.658	11.576
2	400	9.335	13.038	15.583	17.844	19.611	21.962
3	400	20.188	25.445	28.436	31.256	34.062	37.291
4	400	34.873	41.623	45.248	48.419	51.801	55.551
5	400	53.373	61.566	65.956	69.977	73.031	77.911
情形 3							
1	400	0.447	1.699	2.816	3.962	5.332	6.936
2	400	7.638	11.164	13.338	15.197	17.299	19.310
3	400	18.759	23.868	26.791	29.509	32.313	35.397
4	400	33.672	40.250	43.964	47.181	50.424	53.792
5	400	52.588	60.215	65.063	68.905	72.140	76.955

表 5-5　Johansen 似然比检验统计量的临界值

(原假设：有 h 个协整关系。备择假设：有 $h+1$ 个协整关系)

随机游走的个数(g)	样本量(T)	$2(L_A-L_0)$ 的分位数					
		0.500	0.200	0.100	0.050	0.025	0.001
情形 1							
1	400	0.58	1.82	2.86	3.84	4.93	6.51
2	400	4.83	7.58	9.52	11.44	13.27	15.69
3	400	9.71	13.31	15.59	17.89	20.02	22.99
4	400	14.94	18.97	21.58	23.80	26.14	28.82
5	400	20.16	24.83	27.62	30.04	32.51	35.17
情形 2							
1	400	2.415	4.905	6.691	8.083	9.658	11.576
2	400	7.474	10.666	12.783	4.595	16.403	18.782
3	400	12.707	16.521	18.959	21.279	23.362	26.154
4	400	17.875	22.341	24.917	27.341	29.599	32.616
5	400	23.132	27.953	30.818	33.262	35.700	38.858
情形 3							
1	400	0.447	1.699	2.816	3.962	5.332	6.936
2	400	6.852	10.125	12.099	14.036	15.810	17.936
3	400	12.381	16.324	18.697	20.778	23.002	25.521
4	400	17.719	22.113	24.712	27.169	29.335	31.943
5	400	23.211	27.899	30.774	33.178	35.546	38.341

例 5-4(美国工业生产指数)　对 8 个美国工业生产(非耐用品制造业)指数(Stock 和 Watson，2008)的协整关系进行建模。该指数包含食品、饮料、纺织产品厂、纸张、印刷、石油和煤炭、化学、塑料和橡胶。我们收集了 1972 年 1 月至 2010 年 8 月的数据，全部 8 个时序图展示在图 5-5 中。

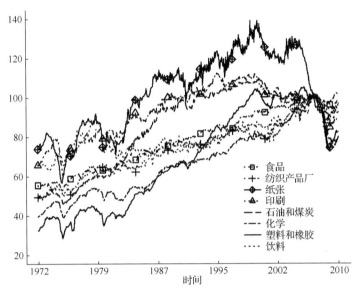

图 5-5　美国工业生产的月度指数时序图

首先检验所有的 8 个时间序列是否是单位根过程。针对 8 个时间序列，ADF 检验在 5%的置信水平下都是不显著的，说明这 8 个时间序列都是单位根过程。对差分后的 8 个时间序列进行同样的检验，发现差分后的时间序列在 5%的置信水平下都拒绝原假设。因此，原始 8 个时间序列是一阶单位根过程。

接着对这 8 个时间序列进行协整检验。采用似然比检验迹统计量，发现在 1%的置信水平下拒绝一个协整关系的原假设（检验统计量为 153.90，大于临界值 143.09），但应该接受两个协整关系的原假设（检验统计量为 107.06，小于临界值 111.01）。所以，上述 8 个时间序列中存在两个协整关系。

图 5-6 展示了估计结果的协整向量变换后的时序图及其自相关函数。由于空间关系，这里只展示前 4 个变换后的时间序列的结果。我们发现前面两个时间序列的自相关函数衰减很快，符合平稳序列的特征；而后面两个时间序列的自相关函数并没有呈现类似特征，所以明显是非平稳的。剩下的 4 个时间序列的自相关函数和上述后面两个时间序列是类似的，所以这里不再具体展示。

固定协整关系的个数 $r=2$，算出了拟合的 ECM 的系数。这里只展示食品指标拟合的 ECM：

$$\Delta x_{t,1} = 0.01357 U_{t-1,1} - 0.02108 U_{t-1,2} - 0.1502 \Delta x_{t-1,1} + 0.01317 \Delta x_{t-1,2} -$$

$$0.01052 \Delta x_{t-1,3} + 0.02721 \Delta x_{t-1,4} - 0.06511 \Delta x_{t-1,5} - 0.005729 \Delta x_{t-1,6} +$$

$$0.01154 \Delta x_{t-1,7} + 0.07661 \Delta x_{t-1,8}.$$

其中，$x_{t,1}, x_{t,2}, x_{t,3}, x_{t,4}, x_{t,5}, x_{t,6}, x_{t,7}, x_{t,8}$ 分别代表食品、饮料、纺织产品厂、纸张、印刷、石油和煤炭、化学、塑料和橡胶的时间序列，而 $U_{t,1}$ 和 $U_{t,2}$ 代表两个标准化后的协整变量。

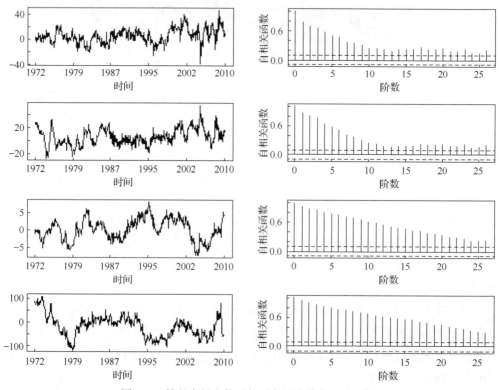

图 5-6　协整向量变换后的时序图及其自相关函数

5.3　平衡回归

在 5.1 节，我们了解到单位根过程的虚假回归会导致回归系数的估计不相合。而 5.2 节关于协整的讨论告诉我们单位根过程在存在协整关系的情况下，回归系数估计是超相合的。这也使得我们在进行实际数据分析时，需要对涉及单位根的回归进行协整检验。然而，与其他的假设检验类似，协整检验同样存在犯第一类错误或第二类错误的风险。这使得协整检验之后，对单位根变量之间的回归估计量的统计推断变得异常复杂。本节将介绍基于平衡回归（balanced regression）的稳健统计推断，它可以避免对变量之间的关系做是否协整的预检验（pretest）。

5.3.1　平衡回归的构造

对变量 y_t 和 x_t，考虑如下两个回归模型。

5-4　平衡回归

$$M_1: \quad y_t = \alpha + \beta x_t + u_t.$$

$$M_2: \quad \Delta y_t = \alpha + \beta \Delta x_t + u_t.$$

当 y_t 和 x_t 均为平稳变量时，基于模型 M_1 的最小二乘估计量都是 $\sqrt{T}$ 相合的。当 y_t 和 x_t 均为非平稳单位根变量时，基于 M_1 的最小二乘估计量的性质取决于 y_t 和 x_t 是否是协整的。如果它们是协整的，则有 β 的最小二乘估计量是 T 相合的；否则（伪回归），它会随着样本量的增加而收敛到一个随机变量，无法相合估计 y_t 和 x_t 的真实关系（无论它们是否存在相关性）。

对单位根过程的一个常见处理方法就是先差分得到平稳序列，然后考虑回归。这使得模型 M_2 在实践中常常被应用。然而，模型 M_2 在 y_t 和 x_t 是协整的情形下是一个错误设定的模型，因为丢掉了误差修正项 $z_t = y_t - \beta x_t$。因此，M_2 中最小二乘估计量一般不是有效的。此时，正确的模型（误差修正模型）设定是

$$M_3: \quad \Delta y_t = \alpha + \beta \Delta x_t + \lambda \left(y_{t-1} - \hat{\beta} x_{t-1} \right) + u_t.$$

其中，$\hat{\beta}$ 是基于 M_1 的协整估计量，故该方法需要分两步实现。

另外的处理方法是建立如下平衡回归模型：

$$M_4: \quad y_t = \alpha + \beta x_t + \gamma y_{t-1} + \delta x_{t-1} + u_t.$$

模型 M_4 出现在 Hamilton（1994，pp. 561），可作为伪回归的一个处理方法，其相关的理论结果最早出现于 Choi（1993）。该模型通过添加解释变量和被解释变量的滞后项，使得模型中 y_t 和 x_t 的时间序列相依性各自保持平衡，因而得名平衡回归（Ren、Tu 和 Yi，2019；Chen 和 Tu，2019；Lin 和 Tu，2020）。

5.3.2　平衡回归的性质

当 x_t 是单位根过程时，M_4 和 M_3 中的 β 估计量的极限性质渐近等价。但当 x_t 是近似单

位根过程 $(x_t = \rho_n x_{t-1} + w_t, \rho_n = 1 + \dfrac{c}{n^\kappa})$ 且回归为伪回归时,模型 M_4 中的 β 估计量是相合的,而模型 M_2 中的 β 估计量却不是相合的(Chen 和 Tu,2019;Lin 和 Tu,2020)。

M_4 中的最小二乘估计量在伪回归和协整回归两种情形下,均具有标准渐近分布性质:$\sqrt{T}$ 相合性和渐近正态性。因此,t 检验统计量近似服从标准正态分布。具体理论见 Lin 和 Tu(2020)。Ren、Tu 和 Yi(2019)将平衡回归应用到股指预测模型中,得到简单易行的可预测性检验方法。

5.4 非线性协整模型

由 Engle 和 Granger(1987)提出的线性协整模型在经济学和金融学等领域获得了广泛的应用。为了刻画经济学中的非线性特征,非线性协整模型逐步被研究者提出,并建立了相应的理论。

5.4.1 参数非线性协整模型

Granger(1991)提出了非线性协整模型可能存在的 3 种形式,Granger(1995)进一步讨论了非线性协整给模型设定和检验带来的巨大挑战。Park 和 Phillips(2001)考虑了解释变量为单位根过程情形下的参数非线性回归模型

$$y_t = f(x_t, \theta) + u_t. \tag{5.5}$$

其中,f 为已知非线性函数(如二次函数),θ 为未知参数。

基于 Park 和 Phillips(1999)提出的单位根过程的非线性变换的性质,针对回归函数 f 的不同函数类:同质(homogeneous)函数(如 $f(x) = \theta|x|^k$);可积(integrable)函数(如 $f(x) = \alpha\exp\{-\beta x^2\}$),Park 和 Phillips(2001)讨论了非线性最小二乘估计量

$$\hat{\theta} = \mathrm{argmin} \sum [y_t - f(x_t, \theta)]^2$$

的极限分布性质。关于非线性最小二乘估计量的性质见 Chan 和 Wang(2015)。

Lin 和 Tu(2020)考虑了变换线性协整模型

$$\Lambda(y_t, \theta) = x_t'\beta + u_t. \tag{5.6}$$

其中,Λ 为已知的严格单调增函数(如 Box-Cox 变换函数 $\Lambda(y, \theta) = \dfrac{y^\theta - 1}{\theta}$,当 $\theta \neq 0$ 时成立;

$\Lambda(y, \theta) = \log y$，当 $\theta = 0$ 时成立），θ 和 β 为未知参数，$\boldsymbol{x}_t$ 是一个多维的单位根过程。他们考虑通过如下方式来估计参数。首先，对任意给定的 θ，得到 β 的最小二乘估计量

$$\hat{\beta}(\theta) = \left(\sum \boldsymbol{x}_t \boldsymbol{x}_t'\right)^{-1} \sum \boldsymbol{x}_t \Lambda(y_t, \theta).$$

然后通过极值估计方法来估计 θ，

$$\hat{\theta} = \arg\min \frac{\sum \left[\Lambda(y_t, \theta) - \boldsymbol{x}_t' \hat{\beta}(\theta)\right]^2}{\sum \left[\Lambda(y_t, \theta)\right]^2}.$$

最后，得到 β 的代入估计量 $\hat{\beta} = \hat{\beta}(\hat{\theta})$。在上述模型中，Lin 和 Tu(2020)还考虑了解释变量中包含平稳变量的情形。另外，Lin 和 Tu(2021)引入了确定时间趋势。具体分布性质见 Lin 和 Tu(2020a，2021)。

5.4.2　非参数协整模型

为了避免参数非线性协整模型在模型设定上的错误，Wang 和 Phillips(2009)考虑了非参数协整模型

$$y_t = f(\boldsymbol{x}_t) + u_t.$$

其中，$\boldsymbol{x}_t$ 是单位根过程，f 是未知的平滑函数。针对核估计量

$$\hat{f}(x) = \frac{\sum k\left(\dfrac{\boldsymbol{x}_t - x}{h}\right) y_t}{\sum k\left(\dfrac{\boldsymbol{x}_t - x}{h}\right)}.$$

其中，$k(\cdot)$ 为核函数，h 为窗宽，他们建立了其极限分布性质。Wang 和 Phillips(2016)进一步考虑了上述估计量在存在内生性情形下的理论性质。Wang(2015)考虑了解释变量同时包含单位根过程和平稳变量时，局部常数分位数估计量的性质。Tu、Liang 和 Wang(2022)考虑了包含平稳变量的分位数协整回归中，未知函数的局部常数分位数估计量的性质。

5.4.3　半参数协整模型

Dong 等(2016)考虑了半参数单因子协整模型

$$y_t = f(\boldsymbol{x}_t' \beta) + u_t.$$

其中，$\boldsymbol{x}_t$ 是一个多维的单位根过程，β 为未知向量参数，f 是未知的平滑函数。他们采用筛

分估计的方法，首先将 f 进行筛分基函数展开，然后得到 β 的非线性最小二乘估计量。

Lin、Tu 和 Yao(2020)考虑了半参数变换协整模型

$$\Lambda(y_t,\theta)=f(x_t)+u_t.$$

其中，Λ 为已知的严格单调增函数(如 Box-Cox 变换函数 $\Lambda(y,\theta)=\dfrac{y^\theta-1}{\theta}$，当 $\theta\neq0$ 时成立；$\Lambda(y,\theta)=\log y$，当 $\theta=0$ 时成立)，θ 为未知参数，x_t 是一个一维的单位根过程，f 是未知的平滑函数。他们采用筛分估计的方法，首先将 f 进行筛分基函数线性展开，然后采用前述 Lin 和 Tu(2020)中使用的极值估计方法对 θ 进行估计，最后用最小二乘法来得到 f 的筛分估计量。

5.4.4 变系数协整模型

Xiao(2009)考虑了协整向量受到平稳变量影响的变系数协整模型

$$y_t=\beta(z_t)'x_t+u_t.$$

其中，x_t 是单位根过程，z_t 为平稳变量。Cai、Li 和 Park(2009)允许 x_t 中同时包含单位根过程和平稳变量。Sun、Cai 和 Li(2013)考虑了 x_t 和 z_t 同时是单位根过程的情形。Phillips、Li 和 Gao(2017)，Li、Phillips 和 Gao(2020)考虑了 $z_t=t/T$ 时的统计推断。Tu 和 Wang(2022)考虑了扰动项 u_t 为单位根过程时的虚假回归以及基于变系数平衡模型的稳健统计推断。

5.5 协整模型的模型设定检验

在 4.4.2 节中，我们介绍了平稳时间序列的非参数模型设定检验方法。在非平稳数据的协整模型的建立过程中，用类似的思路来构造模型设定检验方法仍然适用。需要注意的是，数据的非平稳特征会使得检验统计量的极限分布性质发生变化，从而带来检验在具体实施上的不同。

下面以非线性协整时间序列回归的模型设定检验(Wang 和 Phillips，2012)为例。考虑

$$y_t=m(x_t)+e_t,\quad t=1,2,\cdots,T.$$

其中，$\{x_t\}$ 是一维(近似)单位根时间序列，e_t 是一个鞅差过程，且满足 $0<E(e_t^2\mid x_t=x)=\sigma^2<\infty$。协整函数 $m(x)$ 的具体形式未知，模型设定检验的目标是希望通过数据来判断它是否

属于某个已知的参数化的函数类。具体地，考虑：

$$H_0: m(x)=m_{\theta_0}(x), \ \text{对} \ \forall \, x \in R^d, \ \theta_0 \in \Theta;$$

$$H_1: m(x)=m_{\theta_1}(x)+C_T\Delta(x), \ \theta_1 \in \Theta.$$

其中，$m_\theta(\cdot)$ 为已知函数类（如线性函数），但 θ 的真值 θ_0 未知。$\theta_1 \in \Theta$，为参数空间中可能不同于 θ_0 的一个值。$\Delta(x)$ 是一个非零值函数，用来度量原假设和备择假设之间的差异。C_T 是一个随样本量 T 增加而收敛到 0 的序列，用来研究检验对局部偏离原假设下的检验功效。

Wang 和 Phillips（2012）考虑经典的模型设定检验统计量

$$S_T = \sum_{s=1}^{T} \sum_{t=1,t \neq s}^{T} \hat{e}_s \hat{e}_t K_h(x_s, x_t).$$

经过标准化后，可采用下述统计量来进行检验：

$$J_T = \frac{S_T}{\sqrt{2}\,V_T} \xrightarrow{d} N(0,1), \tag{5.7}$$

其中，

$$V_T^2 = \sum_{s=1}^{T} \sum_{t=1,t \neq s}^{T} \hat{e}_s^2 \hat{e}_t^2 K_h^2(x_s, x_t).$$

他们证明，在原假设下，尽管统计量 S_T 的极限分布在解释变量是单位根过程的情况下是非标准的，但是标准化后的统计量 J_T 仍然是服从渐近标准正态分布的。这使得经典的假设检验方法在单位根设定下仍然适用。

Dong 等（2017）研究了包含平稳变量的协整模型的模型设定检验，Sun 等（2016）将该检验拓展到了变系数模型，Tu 和 Wang（2022）考虑了包含虚假回归的变系数非平稳回归中的模型设定检验，Tu、Liang 和 Wang（2022）进一步研究了分位数协整回归中的模型设定检验问题。

5.6　案例分析

配对交易是一种市场中性的交易策略。股票市场上有几种版本的配对交易，这里重点介绍统计套利配对交易，它利用了本章讨论的协整和误差修正模型的思想。

股票市场交易的一般策略是买入低估的股票并卖出高估的股票。然而，股票的真实价格很难评估。配对交易试图使用相对定价的思想来解决这个困难。由金融套利定价理论(arbitrage pricing theory，APT)可知，如果两只股票具有相似的特征，那么两只股票的价格必然大致相同。如果价格不同，那么很可能其中一只股票被高估，或者另一只股票被低估。配对交易借助卖出价格较高的股票并购买价格较低的股票，希望未来错误定价会自行纠正。

基于 APT 我们知道，如果两只股票有相同的风险因子，它们就应该有相似的回报率。因此，股票序列 p_{1t} 和 p_{2t} 就可能被相同的因素驱动，并且存在协整关系。换句话说，存在一个线性组合 $w_t = p_{1t} - \gamma p_{2t}$ 是平稳的，因此是均值回复的。两个股票序列可以假定满足一个误差修正模型：

$$\begin{pmatrix} p_{1t} - p_{1,t-1} \\ p_{2t} - p_{2,t-1} \end{pmatrix} = \begin{pmatrix} \alpha_1 \\ \alpha_2 \end{pmatrix} (w_{t-1} - \mu_w) + \begin{pmatrix} \varepsilon_{1t} \\ \varepsilon_{2t} \end{pmatrix}.$$

其中，$\mu_w = E(w_t)$ 代表 w_t 的均值。

配对交易是基于均衡序列 w_t 偏离其均值 μ_w 时的交易，而该序列常有均值回复的特征。因此我们可以在均衡序列偏离其均值时买入，靠近其均值时卖出。在实际操作中，偏离多少时交易取决于交易成本、边际利润和出价询问两只股票的差价。准确而言，若表示为配对交易的成本，Δ 表示配对交易时 w_t 偏离其均值的程度，则基于 $2\Delta > \eta$，一个简单的配对交易策略如下。

(1)在时间 t，如果 $w_t = p_{1t} - \gamma p_{2t} = \mu_w - \Delta$，则买一份第一只股票和卖 γ 份第二只股票。

(2)在时间 $t+i$，如果 $w_t = p_{1t} - \gamma p_{2t} = \mu_w + \Delta$，则平仓处理。

为了演示配对交易，我们考虑在纽约证券交易所交易的两只股票。这两只股票所属公司分别是澳大利亚的 Billiton Ltd. 和巴西的 Vale S. A.，其股票代码分别为 BHP 和 VALE。这两家跨国公司都属于自然资源行业，面临相似的风险因素。这两只股票的每日价格数据来自雅虎财经，采用 2002 年 7 月 1 日至 2006 年 3 月 31 日的对数收盘价。

图 5-7 展示了两个股票收盘价取对数之后的时序图。从图中可以看出，两只股票的数据展示出一种协同变化的趋势。令 p_{1t} 和 p_{2t} 分别为 BHP 和 VALE 的对数股票收盘价。

用最小二乘法来检验这两个序列之间是否存在协整关系，从而判断它们是否适合做配对交易。考虑一个简单的线性回归模型 $p_{1t} = \beta_0 + \beta_1 p_{2t} + w_t$，其中，$w_t$ 是回归的残差序列。拟合的结果具体如下：

$$p_{1t} = 1.804 + 0.729 p_{2t} + w_t, \quad \sigma_w = 0.0426.$$

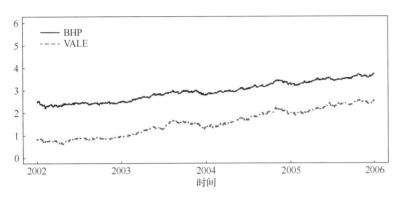

图 5-7　对数处理后 BHP 和 VALE 的时序图

图 5-8 展示了 $\hat{w}_t$ 的时序图和自相关系数。图中的残差序列展现出平稳时间序列的特征。特别地，它的均值为 0 且围绕着它的均值有固定幅度的波动。我们发现 $\hat{w}_t$ 的自相关函数呈现指数性衰减，证明了 $\hat{w}_t$ 确实是平稳的。为了进一步验证 $\hat{w}_t$ 的平稳性，拟合一个 $ARMA(1,1)$ 模型：

$$w_t = 0.926w_{t-1} + e_t - 0.101e_{t-1}.$$

对 $\hat{w}_t$ 做 ADF 检验，检验的统计量为 -4.958，相应的 p 值为 0.01，所以在 5% 的置信水平下拒绝原假设，说明 $\hat{w}_t$ 是平稳的。

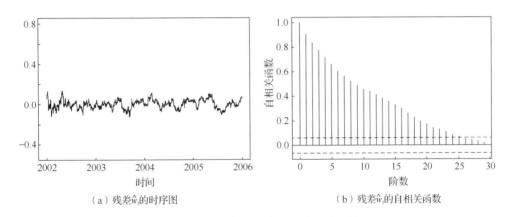

（a）残差 $\hat{w}_t$ 的时序图　　　　　　　（b）残差 $\hat{w}_t$ 的自相关函数

图 5-8　残差 $\hat{w}_t$ 的时序图和自相关函数

与此同时，验证两个对数股票价格是否有协整关系的一个经典方法是做协整检验。令 $x_t = (p_{1t}, p_{2t})'$。对 x_t 做了似然比检验，发现 x_t 是协整的。接下来用最大似然法估计误差修正模型。估计结果如下：

$$\Delta x_t = \begin{pmatrix} -0.059 \\ 0.036 \end{pmatrix} (w_{t-1} - 1.81) + \begin{pmatrix} -0.08 & 0.06 \\ 0.06 & 0.05 \end{pmatrix} \Delta x_{t-1} + a_t.$$

我们知道均衡序列 $w_t = p_{1t} - 0.738 p_{2t}$ 是一个均值为 1.79 的平稳时间序列。配对交易的参数 γ 的估计值为 0.738，可以看出与最小二乘法的估计相似。正如我们所期望的，这里的 α_1 是负的，α_2 是正的。因为均衡序列 w_t 的标准差为 0.0428，所以选择 $\Delta = 0.043$，它比 w_t 的标准差稍微大一点。

图 5-9 展示了 w_t 拟合值的时序图。图中有 3 条横线，分别代表 $\mu_w, \mu_w - 0.043, \mu_w + 0.043$，后两个的值作为配对交易的边界值。因为 w_t 的值从下边界到上边界（或者从上边界到下边界）很多次，所以有很多次配对交易的机会。每次交易的对数回报为 $2\Delta = 0.086$，这是一个非常高的回报率。

该例子说明通过配对交易来实现无风险套利是可行的。配对交易中的一个重要问题是识别出构成协整关系的成对的股票，这个过程除了可以采用协整检验以外，也可以利用金融理论来指导选择。

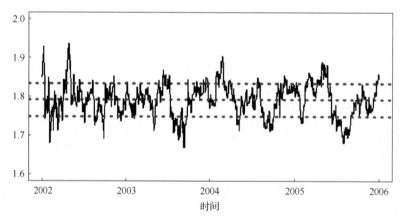

图 5-9　均衡序列 w_t 拟合值的时序图

习题

1. 什么是虚假回归？它有哪些显著特征？

2. 什么是协整？什么是协整的误差修正表示？举例说明误差修正表示在数据分析中的作用。

3. 比较虚假回归和协整回归中 t 检验统计量的分布性质，并论述这些性质在实际数据分析中的意义。

4. 平衡回归是如何辨别虚假回归和协整回归的？

5. 如何检验两个时间序列是否是线性协整的？如何检验多个时间序列是否是协整的？若存在协整关系，如何确定协整关系的个数？

6. 如何检验多个时间序列的协整向量是否为给定的某一向量？

7. 列举经济学和金融学研究中的协整和虚假回归的实例，并通过数据分析来说明。

8. 如何检验两个时间序列之间是否存在给定形式的非线性协整关系？

9. 如何估计时间序列之间的非线性协整关系？请举例说明。

本章导读

前面的章节介绍了时间序列均值的建模，本章将讨论如何对时间序列中变化的不确定性(波动性)进行建模和预测。金融时间序列数据的波动性有哪些主要的特征？如何刻画时间序列的波动性？如何检验时间序列数据是否具有条件异方差特征？如何预测时间序列的波动？如何刻画多个序列波动性之间的联动？本章将围绕这些问题展开讲解。

6.1 自回归条件异方差模型

前面介绍了自回归模型的建立，下面先简单回顾。考虑一个 $AR(p)$ 过程，

$$y_t = c + \phi_1 y_{t-1} + \cdots + \phi_p y_{t-p} + u_t,$$

其中，u_t 是白噪声序列，满足 $E(u_t) = 0, E(u_t^2) = \sigma^2$。该过程是协方差平稳的，当且仅当方程 $1 - \phi_1 z - \cdots - \phi_p z^p = 0$ 的根都在单位圆之外时成立。在均方误差损失下，基于 $AR(p)$ 过程对 y_t 的最佳线性预测是

$$\hat{E}(y_t \mid y_{t-1}, y_{t-2}, \cdots) = c + \phi_1 y_{t-1} + \cdots + \phi_p y_{t-p}.$$

其中，$\hat{E}(y_t \mid y_{t-1}, y_{t-2}, \cdots)$ 表示 y_t 对常数和 $y_1, y_2, \cdots$ 的线性投影。

在进行实际数据建模和分析时，我们不仅对均值的预测感兴趣，也非常重视条件方差的预测。一方面，条件方差的预测可以帮助刻画条件均值预测的不确定性；另一方面，条件方差也是期权定价(option pricing)中的重要因素。在上述 $AR(p)$ 模型中，y_t 的无条件方差不随时间变化，但是它的条件方差可以随时间变化。金融时间序列中常常可以看到波动率聚集(volatility clustering)的现象。也就是说，市场中的不确定性具有记忆性，前一时刻较大的市场风险非常可能传导到当前时刻，如图 1-11 所示。此外，金融数据也常常会出现厚

尾的特征。如何刻画金融数据的条件异方差是波动率建模的核心问题。本节将介绍 Engle（1982）提出的自回归条件异方差（autoregressive conditional heteroskedasticity，ARCH）模型，6.2 和 6.3 节将介绍 Bollerslev（1986）提出的广义自回归条件异方差（generalized ARCH，GARCH）模型，以及其他条件异方差模型。

6.1.1　ARCH 模型及其性质

一种简单地刻画 y_t 的条件方差随时间变化的方式，就是让 u_t^2 服从一个自回归过程，即

6-1　ARCH 模型设定和检验

$$u_t^2 = \alpha_0 + \alpha_1 u_{t-1}^2 + \cdots + \alpha_m u_{t-m}^2 + w_t, \qquad (6.1)$$

其中，w_t 是白噪声序列，且 $E(w_t^2) = \lambda^2$。易见

$$E(u_t^2 \mid u_{t-1}^2, \cdots) = \alpha_0 + \alpha_1 u_{t-1}^2 + \cdots + \alpha_m u_{t-m}^2.$$

满足上述关系的白噪声序列 u_t 被称为 ARCH(m) 过程（Engle，1982）。

由于 u_t^2 不能取负值，所以通常要求 $w_t \geqslant -\alpha_0 > 0$，且 $\alpha_j \geqslant 0, j = 1, \cdots, m$。当多项式

$$1 - \alpha_1 z - \cdots - \alpha_m z^m = 0$$

的根在单位圆之外时，u_t^2 是协方差平稳的。若 $\alpha_j \geqslant 0$，则上述条件等价于 $\alpha_1 + \alpha_2 + \cdots + \alpha_m < 1$。此时，可以得到 u_t^2 的无条件期望

$$\sigma^2 = E(u_t^2) = \frac{\alpha_0}{1 - \alpha_1 - \cdots - \alpha_m}.$$

记 $\hat{u}_{t+s \mid t}^2$ 为 u_t^2 在时刻 t 的 s 期向前线性预测，则有 $\hat{u}_{t+s \mid t}^2 = \hat{E}(u_{t+s}^2 \mid u_t^2, \cdots)$。该预测可以通过如下迭代计算得到。

$$(\hat{u}_{t+j \mid t}^2 - \sigma^2) = \alpha_1 (\hat{u}_{t+j-1 \mid t}^2 - \sigma^2) + \alpha_2 (\hat{u}_{t+j-2 \mid t}^2 - \sigma^2) + \cdots +$$

$$\alpha_m (\hat{u}_{t+j-m \mid t}^2 - \sigma^2), \ j = 1, \cdots, s.$$

其中，$\hat{u}_{\tau \mid t}^2 = u_\tau^2$，$\tau \leqslant t$。当 $s \to \infty$ 时，$\hat{u}_{t+s}^2$ 依概率收敛到 σ^2。

为了更好地理解 ARCH 模型，我们考虑 Engle（1982）采用的设定 $u_t = \sqrt{h_t} v_t$，其中，v_t 为独立同分布的均值为 0，方差为 1 的白噪声序列，

$$h_t = \alpha_0 + \alpha_1 u_{t-1}^2 + \cdots + \alpha_m u_{t-m}^2. \qquad (6.2)$$

易见 $E(u_t^2 \mid u_{t-1}^2, \cdots) = \alpha_0 + \alpha_1 u_{t-1}^2 + \cdots + \alpha_m u_{t-m}^2$。由此可得

$$h_t v_t^2 = h_t + w_t,$$

或者等价的,

$$w_t = h_t(v_t^2 - 1).$$

这样尽管 w_t 是同方差的,

$$E(w_t^2) = \lambda^2 = E(h_t^2)E(v_t^2 - 1)^2 = E[\mathrm{Var}(u_t^2 \mid I_t)],$$

这里 I_t 为时刻 t 之前的所有信息构成的信息集,但其条件方差却随时间变动,

$$E(w_t^2 \mid I_t) = h_t^2 E(v_t^2 - 1)^2 = \mathrm{Var}(u_t^2 \mid I_t).$$

具体地,我们考虑 ARCH(1) 模型。易得

$$
\begin{aligned}
E(h_t^2) &= E(\alpha_0 + \alpha_1 u_{t-1}^2)^2 = E[(\alpha_1^2 \cdot u_{t-1}^4) + (2\alpha_1\alpha_0 \cdot u_{t-1}^2) + \alpha_0^2] \\
&= \alpha_1^2[\mathrm{Var}(u_{t-1}^2) + [E(u_{t-1}^2)]^2] + 2\alpha_1\alpha_0 \cdot E(u_{t-1}^2) + \alpha_0^2 \\
&= \alpha_1^2\left[\frac{\lambda^2}{1-\alpha_1^2} + \frac{\alpha_0^2}{(1-\alpha_1)^2}\right] + \frac{2\alpha_1\alpha_0^2}{1-\alpha_1} + \alpha_0^2 \\
&= \frac{\alpha_1^2\lambda^2}{1-\alpha_1^2} + \frac{\alpha_0^2}{(1-\alpha_1)^2}.
\end{aligned}
$$

由此可得

$$\lambda^2 = \left[\frac{\alpha_1^2\lambda^2}{1-\alpha_1^2} + \frac{\alpha_0^2}{(1-\alpha_1^2)^2}\right]E(v_t^2 - 1)^2.$$

即使 $|\alpha_1| < 1$,上述方程中 λ 也不一定有非负实数解,它取决于 v_t。我们不妨假设 $v_t \sim N(0, 1)$,此时有 $E(v_t^2 - 1)^2 = 2$。代入上式得

$$\frac{(1-3\alpha_1^2)\lambda^2}{1-\alpha_1^2} = \frac{2\alpha_0^2}{(1-\alpha_1^2)^2}.$$

因此,当 $\alpha_1^2 \geqslant \dfrac{1}{3}$ 时,λ 没有实数解。当 $\alpha_1^2 < \dfrac{1}{3}$ 时,可得

$$
\begin{aligned}
E(u_t^4) &= \mathrm{Var}(u_t^2) + E(u_t^2)^2 = E[\mathrm{Var}(u_t^2 \mid I_t)] + \mathrm{Var}[E(u_t^2 \mid I_t)] + E(u_t^2)^2 \\
&= \lambda^2 + \alpha_1^2 \frac{\lambda^2}{1-\alpha_1^2} + \frac{\alpha_0^2}{(1-\alpha_1)^2} = \frac{3\alpha_0^2(1-\alpha_1^2)}{(1-\alpha_1)^2(1-3\alpha_1^2)}.
\end{aligned}
$$

此时,不难发现 u_t 是厚尾的,因为其峰度

$$\kappa = \frac{E(u_t^4)}{[E(u_t^2)]^2} = \frac{3(1-\alpha_1^2)}{1-3\alpha_1^2} > 3. \tag{6.3}$$

综上所述,即使假设 v_t 为正态随机变量,u_t 也是厚尾的,从而 ARCH(1) 模型可以一定程度上刻画金融数据中的厚尾现象。

6.1.2　ARCH 模型的估计

当 v_t 为正态随机变量时，Engle(1982)考虑了 ARCH 模型的极大似然估计。当 v_t 为非正态随机变量时，极大似然估计也可以采用类似的方法构造。例如，Bollerslev(1987)考虑了 v_t 服从 t 分布时的情形，Nelson(1991)考虑了 v_t 服从广义指数分布时的情形。Bollerslev 和 Wooldridge(1992)考虑了伪(quasi)极大似然估计量在一定条件下仍然是相合估计的情形。另外，Rich 等(1991)采用广义矩估计(generalized method of moments，GMM)来估计 ARCH 模型的参数，并与极大似然估计进行了对比。关于似然函数的构造，以及 GMM 方法的使用，具体细节参见 Hamilton(1994，pp. 660~664)。

6.1.3　检验 ARCH 效应

如何判断 ARCH 效应是否存在呢？Engle(1982)提出了一个基于拉格朗日乘子的简单检验方法。具体地，首先考虑均值回归

$$y_t = \boldsymbol{x}_t'\beta + u_t,$$

其中，解释变量 $\boldsymbol{x}_t$ 可以包含 y_t 的滞后项。对均值回归模型采用最小二乘估计，可以得到残差估计量 $\hat{u}_t$。其次，将 $\hat{u}_t^2$ 对它的 m 个滞后变量和常数进行回归，即

$$\hat{u}_t^2 = \alpha_0 + \alpha_1 \hat{u}_{t-1}^2 + \alpha_m \hat{u}_{t-m}^2 + e_t. \tag{6.4}$$

在上述回归中检验 $H_0: \alpha_1 = \cdots = \alpha_m = 0$。若 H_0 被拒绝，则 y_t 具有 ARCH 效应；否则，不存在 ARCH 效应。检验 H_0 可以采用拉格朗日乘子法，它等价于计算

$$T \cdot R_u^2 = T\left(1 - \frac{\sum \hat{e}_t^2}{\sum \hat{u}_t^4}\right), \tag{6.5}$$

或者

$$F = \frac{\dfrac{SSR_0 - SSR_1}{m}}{\dfrac{SSR_1}{T-m-1}}. \tag{6.6}$$

其中，$\hat{e}_t$ 为第二个回归的残差，SSR_0 为在原假设 H_0 下的残差平方和，SSR_1 为(备择假设下)最小二乘回归的残差平方和。在 $u_t \sim$ i.i.d. $N(0,\sigma^2)$ 时，若 H_0 成立，则上述两个统计量近似服从 $\chi^2(m)$。

另外，由于在原假设 H_0 下，残差估计量 $\hat{u}_t^2$ 为白噪声过程，因此也可以采用第 1 章介绍的白噪声的 Ljung-Box 检验来判断是否存在 ARCH 效应。ARCH 模型的阶 m 可以通过 $\hat{u}_t^2$ 的偏自相关函数或者 Ljung-Box 检验来确定：选择 m 使得 e_t 为白噪声序列。

6.1.4　ARCH 模型建模步骤

将 ARCH 模型的建模步骤总结如下。

第 1 步：确定序列的均值回归模型。该模型的设定可以参考前面几章介绍的线性时间序列建模和非线性时间序列建模，也可以在模型中考虑非平稳特征，如单位根、时间趋势、季节性等。

第 2 步：将均值回归模型拟合得到的残差进行 ARCH 建模，估计并检验 ARCH 效应是否存在。如存在，则采用偏自相关函数或者 Ljung-Box 检验来确定 ARCH 模型的阶 m。

第 3 步：对均值模型和方差模型采用联合估计。

第 4 步：对拟合的模型进行诊断。如果不能通过诊断，则继续完善模型。

例 6-1(ARCH 建模)　针对 VALE 股票 2002 年 4 月 1 日至 2022 年 2 月 17 日的数据，通过计算其每天的对数回报率来建立一个简单的 ARCH 模型。图 6-1 展示了其对数回报率、对数回报率绝对值的自相关函数、对数回报率的平方以及对数回报率平方的偏自相关函数。

首先对对数回报率序列做 Ljung-Box 检验，得到统计量 $Q(12)=18.717$，相应的 p 值为 0.096，大于 0.05，这表明该序列没有序列相依性。接着，对中心化后的对数回报率做 ARCH 效应检验，得到拉格朗日乘子检验的统计量为 $F=1112.6$，相应的 p 值非常接近于 0，这说明对数回报率存在很强的 ARCH 效应。我们也对中心化后的对数回报率的平方做 Ljung-Box 检验，得到统计量 $Q(12)=3807.2$，相应的 p 值是接近于 0 的，这也表明对数回报率的平方有较强的 ARCH 效应。与此同时，从图 6-1(c) 中可以发现有序列相依性，即对数回报率有波动聚集的现象。从图 6-1(d) 中可以看出 ARCH(6) 模型可能是合适的。

首先拟合模型：

$$r_t = \mu + a_t, \, a_t = \sigma_t \varepsilon_t,$$

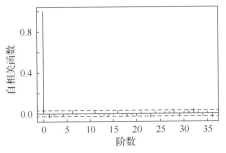
（a）VALE股票的自相关函数：对数回报率

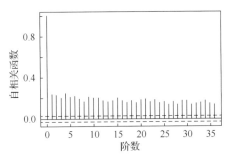
（b）VALE股票的自相关函数：对数回报率绝对值

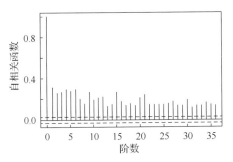
（c）VALE股票的自相关函数：对数回报率的平方

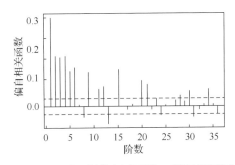
（d）VALE股票的偏自相关函数：对数回报率的平方

图 6-1　VALE 股票的自相关函数和偏自相关函数

$$\sigma_t^2 = \alpha_0 + \alpha_1 a_{t-1}^2 + \alpha_2 a_{t-2}^2 + \alpha_3 a_{t-3}^2 + \alpha_4 a_{t-4}^2 + \alpha_5 a_{t-5}^2 + \alpha_6 a_{t-6}^2.$$

假定 ε_t 独立同分布且服从标准正态分布，我们得到拟合的模型是

$$r_t = -0.0000862 + a_t, \quad a_t = \sigma_t \varepsilon_t,$$

$$\sigma_t^2 = 0.000197 + 0.108 a_{t-1}^2 + 0.108 a_{t-2}^2 + 0.0824 a_{t-3}^2 + 0.151 a_{t-4}^2 + 0.0731 a_{t-5}^2 + 0.0937 a_{t-6}^2.$$

参数的标准差分别为 0.000269、0.0000107、0.0174、0.0183、0.0166、0.0195、0.0164 和 0.0165。易见，拟合的参数值在 5% 的置信水平下均为显著的。

图 6-2 展示了标准化残差、标准化残差的平方、标准化残差的绝对值的自相关函数，以及标准化后的残差。标准化残差的 Ljung-Box 检验得到的统计量为 $Q(10) = 6.804$，其相应的 p 值为 0.744，接受没有序列相依性的原假设。但我们对残差的平方做检验时，发现 Ljung-Box 检验得到的统计量为 $Q(10) = 33.58$，其相应的 p 值为 0.0002，所以拒绝没有序列相依性的原假设。因此，ARCH(6) 并不能充分提取该序列的波动率聚集特征。一个更合适的模型可能是 GARCH 模型，我们将在 6.2 节讨论。

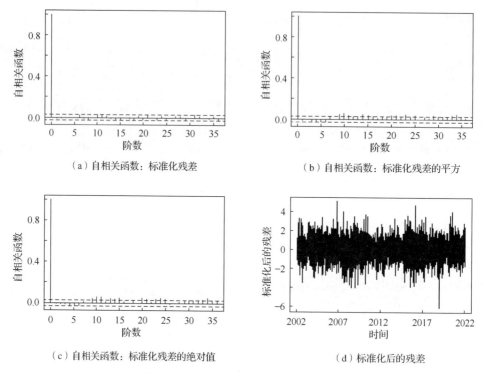

（a）自相关函数：标准化残差   （b）自相关函数：标准化残差的平方

（c）自相关函数：标准化残差的绝对值   （d）标准化后的残差

图 6-2　自相关函数和标准化后的残差

6.2　广义自回归条件异方差模型

在 $\mathrm{ARCH}(m)$ 过程中，$u_t = \sqrt{h_t}\, v_t$，其中，v_t 是独立同分布的均值为 0，方差为 1 的白噪声序列，方差 h_t 按照下述方程随时间波动：

$$h_t = \alpha_0 + \alpha_1 u_{t-1}^2 + \cdots + \alpha_m u_{t-m}^2.$$

该过程描述的当期波动性只受最近 m 期的波动的影响。如果要描述一个波动具有长期记忆的过程，则需要考虑更高阶的 ARCH 模型。一般，可以考虑 $\mathrm{ARCH}(\infty)$，

$$h_t = \alpha_0 + \pi(B) u_t^2,\ \pi(B) = \sum_{j=1}^{\infty} \pi_j B^j.$$

按照 Box-Jenkins 的建模思想，我们将无穷阶多项式 $\pi(B)$ 重新参数化，写成两个有限阶多项式的比值：

$$\pi(L)=\frac{\alpha(B)}{1-\delta(B)}=\frac{\alpha_1 B^1+\alpha_2 B^2+\cdots+\alpha_m B^m}{1-\delta_1 B^1-\delta_2 B^2-\cdots-\delta_r B^r},$$

其中，不妨假设方程 $1-\delta(z)=0$ 的根都在单位圆之外。此时，两边同时乘 $1-\delta(B)$，可得

$$\left[1-\delta(B)\right]h_t=\left[1-\delta(1)\right]\alpha_0+\alpha(B)u_t^2,$$

或者等价的，

$$h_t=\kappa+\delta_1 h_{t-1}+\cdots+\delta_r h_{t-r}+\alpha_1 u_{t-1}^2+\cdots+\alpha_m u_{t-m}^2. \tag{6.7}$$

其中，$\kappa=(1-\delta_1-\cdots-\delta_r)\alpha_0$。此模型即 Bollerslev(1986) 提出的 GARCH(r,m) 模型。

在 (6.7) 式两边同时加上 u_t^2，可得

$$\begin{aligned}
h_t+u_t^2 =&\ \kappa-\delta_1(u_{t-1}^2-h_{t-1})-\delta_2(u_{t-2}^2-h_{t-2})-\cdots- \\
&\ \delta_r(u_{t-r}^2-h_{t-r})+\delta_1 u_{t-1}^2+\delta_2 u_{t-2}^2+\cdots+\delta_r u_{t-r}^2+\alpha_1 u_{t-1}^2+ \\
&\ \alpha_2 u_{t-2}^2+\cdots+\alpha_m u_{t-m}^2+u_t^2,
\end{aligned}$$

等价的，有

$$\begin{aligned}
u_t^2 =&\ \kappa+(\delta_1+\alpha_1)u_{t-1}^2+(\delta_2+\alpha_2)u_{t-2}^2+\cdots+ \\
&\ (\delta_p+\alpha_p)u_{t-p}^2+w_t-\delta_1 w_{t-1}-\delta_2 w_{t-2}-\cdots-\delta_r w_{t-r}.
\end{aligned} \tag{6.8}$$

其中，$w_t\equiv u_t^2-h_t, p\equiv\max\{m,r\}$。进一步，若定义 $\delta_j=0$，对 $j>r$，且 $\alpha_j=0$，对 $j>m$，则若 u_t 服从 GARCH(r,m) 模型，那么 u_t^2 将服从 ARMA(p,m) 模型，其中，$p=\max\{r,m\}$。

若 $\kappa>0$ 且 $\alpha_j\geqslant 0, j=1,\cdots,p$，则该方程满足波动率的非负性要求。基于前面对 ARMA 过程性质的分析可知，u_t^2 是协方差平稳的，当 w_t 的方差有限且方程

$$1-(\delta_1+\alpha_1)z-\cdots-(\delta_p+\alpha_p)z^p=0$$

的根都在单位圆之外时成立。在非负性约束下，u_t^2 是协方差平稳的，当

$$(\delta_1+\alpha_1)+\cdots+(\delta_p+\alpha_p)<1$$

时成立。在此条件下，u_t^2 的期望为

$$E(u_t^2)=\sigma^2=\frac{\kappa}{\left[1-(\delta_1+\alpha_1)-\cdots-(\delta_p+\alpha_p)\right]}.$$

基于 $u_t^2, u_{t-1}^2, \cdots$，在时刻 t 对 u_{t+s}^2 的预测可以通过以下迭代关系计算：

$$\hat{u}_{t+s}^2 \mid_t - \sigma^2 = \begin{cases} (\delta_1+\alpha_1)(\hat{u}_{t+s-1}^2 \mid_t - \sigma^2) + \cdots + (\delta_p+\alpha_p)(\hat{u}_{t+s-p}^2 \mid_t - \sigma^2) - \\ \quad \delta_s \hat{w}_{t+s} - \delta_{s+1}\hat{w}_{t+s-1} - \cdots - \delta_r \hat{w}_{t+s-r}, \quad s=1,\cdots,r, \\ (\delta_1+\alpha_1)(\hat{u}_{t+s-1}^2 \mid_t - \sigma^2) + (\delta_2+\alpha_2)(\hat{u}_{t+s-2}^2 \mid_t - \sigma^2) + \\ \quad \cdots + (\delta_p+\alpha_p)(\hat{u}_{t+s-p}^2 \mid_t - \sigma^2), \quad s=r+1, r+2, \cdots, \end{cases}$$

$$\hat{u}_\tau^2 \mid_t = u_\tau^2, \tau \leqslant t,$$

$$\hat{w}_\tau = u_\tau^2 - \hat{u}_\tau^2 \mid_{\tau-1}, \tau = t, t-1, \cdots, t-r+1.$$

在前面的迭代表达式中，计算 $\{h_t\}_{t=1}^T$ 需要 $h_{-p+1}, \cdots, h_0$ 以及 $u_{-p+1}^2, \cdots, u_0^2$ 的初值。假如有 y_t 和 $\boldsymbol{x}_t(t=1,\cdots,T)$ 的观测值，Bollerslev(1986，pp. 316)建议采用 $h_j = u_j^2 = \hat{\sigma}^2 (j=-p+1, \cdots, 0)$，其中，$\hat{\sigma}^2 = T^{-1} \sum_{t=1}^T (y_t - \boldsymbol{x}_t' \boldsymbol{\beta})^2$。

例 6-2(GARCH 建模) 利用例 6-1 中的 VALE 股票数据进行 GARCH 建模。图 6-3 展示了 VALE 股票对数回报率的时序图。

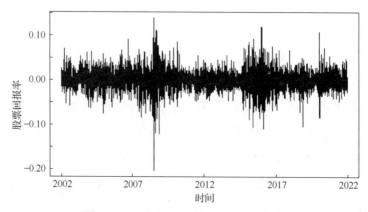

图 6-3 VALE 股票对数回报率的时序图

从图 6-3 中可以看出，对数回报率的均值可能符合 MA(1)模型，拟合的结果为

$$r_t = -0.0004 + a_t - 0.0383 a_{t-1}.$$

且 MA(1)模型的系数在 5% 的置信水平下是显著的。

而针对对数回报率的 GARCH 效应，使用 GARCH(1,1)模型：

$$a_t = \sigma_t \varepsilon_t, \quad \sigma_t^2 = \alpha_0 + \beta_1 \sigma_{t-1}^2 + \alpha_1 a_{t-1}^2.$$

一个联合的 MA(1)-GARCH(1,1)模型估计得到的结果是：

$$r_t = -0.000116 + a_t - 0.0302 a_{t-1},$$

$$\sigma_t^2 = 0.00000528 + 0.0627 a_{t-1}^2 + 0.927 \sigma_{t-1}^2.$$

图 6-4 展示了估计的波动序列 σ_t 和标准化残差的时序图。图 6-5 展示了标准化残差和标准化残差的平方的自相关函数。这些自相关函数在任何阶都不显著。我们针对残差和残差的平方分别做 Ljung-Box 检验，发现都接受没有序列相依性的原假设。这说明该模型是比较适合的。

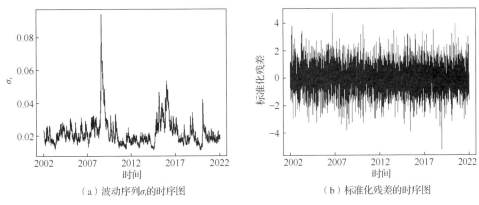

（a）波动序列σ_t的时序图　　　　　　（b）标准化残差的时序图

图 6-4　波动序列 σ_t 的时序图和标准化残差的时序图

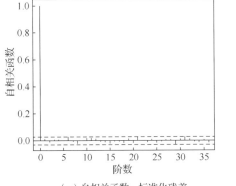 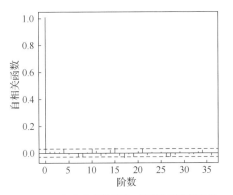

（a）自相关函数：标准化残差　　　　　　（b）自相关函数：标准化残差的平方

图 6-5　标准化残差、标准化残差的平方的自相关函数

6.3 其他条件异方差模型

6.3.1 IGARCH

Engle 和 Bollerslev（1986）提出了单整（integrated）GARCH 模型 $u_t = \sqrt{h_t} v_t$，其中，v_t 是独立同分布的均值为 0，方差为 1 的扰动项，波动率函数 h_t 服从 GARCH(r, m) 模型，即

$$h_t = \kappa + \delta_1 h_{t-1} + \cdots + \delta_r h_{t-r} + \alpha_1 u_{t-1}^2 + \cdots + \alpha_m u_{t-m}^2. \tag{6.9}$$

且有 $\sum \delta_j + \sum \alpha_j = 1$。此时，ARMA 过程 u_t^2 具有单位根。易见，u_t 的方差是无穷大的，且它和 u_t^2 都不满足协方差平稳性。

6.3.2 ARCH-M 模型

Engle、Lilien 和 Robins（1987）提出 ARCH-M（ARCH-in-mean）模型，以刻画金融理论中所描述的高风险伴随着高收益的现象。具体地，收益率 μ 将依赖于收益的风险 h_t：

$$y_t = \boldsymbol{x}_t' \boldsymbol{\beta} + \delta h_t + u_t, \tag{6.10}$$

$$u_t = \sqrt{h_t} \cdot v_t,$$

$$h_t = \alpha_0 + \alpha_1 u_{t-1}^2 + \alpha_2 u_{t-2}^2 + \cdots + \alpha_m u_{t-m}^2.$$

其中，v_t 是独立同分布的均值为 0，方差为 1 的扰动项，参数 δ 刻画了条件方差对收益率水平的影响。当 $\delta > 0$ 时，高的市场波动率将会带来高的平均收益率。

该模型也有多种拓展形式，它们被统称为 GARCH-M 模型：

$$y_t = \boldsymbol{x}_t' \boldsymbol{\beta} + \delta g(h_t) + u_t,$$

$$u_t = \sqrt{h_t} \cdot v_t,$$

$$h_t = \kappa + \delta_1 h_{t-1} + \cdots + \delta_r h_{t-r} + \alpha_1 u_{t-1}^2 + \cdots + \alpha_m u_{t-m}^2.$$

其中，$g(z) = \sqrt{z}, z, \log z \cdots$。

6.3.3 EGARCH

为了刻画市场中好消息和坏消息对波动率的非对称性影响，Nelson（1991）借助指数变换（exponential transformation），提出了 EGARCH 模型，即

$$\log h_t = \alpha_0 + \sum_{j=1}^{\infty} \pi_j \{|v_{t-j}| - E|v_{t-j}| + \aleph v_{t-j}\}. \tag{6.11}$$

其中，$\aleph < 0$ 被称为杠杆效应（leverage effect）参数，它使得好消息和坏消息对波动率产生非对称性影响。当 $\aleph = 0$ 时，正负扰动对波动率的影响相同；当 $-1 < \aleph < 0$ 时，正的扰动比负的扰动对波动率的增加程度要小一些；当 $\aleph < -1$ 时，正的扰动减小波动率，而负的扰动增加波动率。该模型的一个优点是，经过对 h_t 取对数后，模型中的参数无须满足任何约束，其所刻画的波动率就是非负函数。这一优点使得 EGARCH 模型参数的估计较 GARCH 模型更加容易。

例 6-3（EGARCH 建模）　同例 6-1，使用 VALE 股票的对数回报率的数据拟合 MA(1)-EGARCH(1,1)，具体结果如下：

$$r_t = -0.000336 + a_t - 0.025737 a_{t-1},$$

$$\ln(\sigma_t^2) = -0.0906 - 0.0284 \frac{|a_{t-1}| + 0.1391 a_{t-1}}{\sigma_{t-1}} + 0.9879\ln(\sigma_{t-1}^2).$$

针对模型设定检验，对标准化残差以及标准化残差的平方做 Ljung-Box 检验，检验结果表明标准化残差及其平方在 5% 的置信水平下都接受没有序列相依性的原假设。所以我们认为上述 MA(1)-EGARCH(1,1) 可以充分拟合数据。

从上述估计的模型可以得到波动率方程为

$$\ln(\sigma_t^2) = -0.0906 + 0.9879\ln(\sigma_{t-1}^2) + \begin{cases} -0.03235\varepsilon_{t-1}, & \varepsilon_{t-1} \geq 0, \\ 0.02443\varepsilon_{t-1}, & \varepsilon_{t-1} < 0. \end{cases}$$

这个方程说明了在 EGARCH 模型下，过去不同符号的残差会对波动率产生不同的影响。例如，针对一个大小为 2 的标准化残差，有

$$\frac{\sigma_t^2(\varepsilon_{t-1} = -2)}{\sigma_t^2(\varepsilon_{t-1} = 2)} = \frac{\exp[-0.0324 \times (-2)]}{\exp[0.0244 \times 2]} = e^{0.0158} \approx 1.0159.$$

因此，标准化残差为 2 的负面冲击的影响比相同大小的正面冲击的影响约大 1.59%。这个例子清楚地展示了 EGARCH 模型的不对称特征。一般来说，冲击越大，波动率受影响的差异越大。

6.3.4　TGARCH

另外一种刻画波动率中的杠杆效应的模型是门限 GARCH（threshold GARCH，TGARCH）

模型。该模型由 Glosten 等（1993）和 Zakoian（1994）提出。TGARCH（m,s）模型将波动率设定为

$$h_t = \alpha_0 + \sum_{i=1}^{s} (\alpha_i + \gamma_i N_{t-i}) u_{t-i}^2 + \sum_{j=1}^{m} \beta_j h_{t-j}, \tag{6.12}$$

其中，

$$N_{t-i} = \begin{cases} 1, & u_{t-i} < 0, \\ 0, & u_{t-i} \geq 0, \end{cases}$$

$\alpha_i, \gamma_i, \beta_j$ 为非负参数且满足类似 GARCH 模型中参数的约束条件。由模型设定易见，正的 u_{t-i} 对 h_t 贡献 $\alpha_i u_{t-i}^2$，而负的 u_{t-i} 对 h_t 贡献 $(\alpha_i + \gamma_i) u_{t-i}^2$。在 $\gamma_i > 0$ 时，负的扰动将增加市场的波动率。在上述设定中，门限值 0 帮助刻画扰动的符号对市场杠杆效应的刻画。在一般的波动率建模中，门限值也可以根据数据来估计。

例 6-4（TGARCH 建模） 同例 6-1，使用 VALE 股票的对数回报率的数据拟合 MA（1）-TGARCH（1,1），具体结果如下：

$$r_t = -0.000333 + a_t - 0.0250 a_{t-1}, \quad a_t = \sigma_t \varepsilon_t,$$

$$\sigma_t^2 = 0.00273 + (0.0704 + 0.231 N_{t-1}) a_{t-1}^2 + 0.933 \sigma_{t-1}^2.$$

系数在 5% 的置信水平下都是显著的。为了对模型进行诊断，进一步对标准化残差及其平方做 Ljung-Box 检验，检验结果表明标准化残差及其平方在 5% 的置信水平下都接受没有序列相依性的原假设。所以我们认为上述 MA（1）-TGARCH（1,1）足够充分地拟合了数据。

针对一个大小为 2 的标准化残差，该模型的杠杆效应为

$$\frac{\sigma_t^2(\varepsilon_{t-1} = -2)}{\sigma_t^2(\varepsilon_{t-1} = 2)} = \frac{[(0.0704 + 0.231) \times 4 + 0.933] \sigma_{t-1}^2}{(0.0704 + 0.933) \sigma_{t-1}^2} \approx 1.76.$$

6.3.5 半/非参数 GARCH

在前面介绍的 GARCH 模型中，模型参数的估计依赖于对扰动项 v_t 的分布设定，从而构建似然函数以得到极大似然估计量。当 v_t 的分布未知时，Engle 和 Gonzalez-Rivera（1991）、Linton（1993）、Drost 和 Klaasen（1997）讨论了采用非参数估计方法来估计其密度函数，进而得到 GARCH 模型参数的自适应（adaptive）极大似然估计。

Pagan 和 Hong（1990）以及 Pagan 和 Schwert（1990）考虑采用非参数的方法（核估计和级数估计）来估计条件异方差函数 $h_t = \sigma^2(u_{t-1})$。Kim 和 Linton（2004）将该模型拓展成

$$G(h_t) = \kappa + \sum_{j=1}^{m} \sigma_j^2(u_{t-j}). \tag{6.13}$$

其中，G 为已知变换函数如 log，σ_j^2 为未知平滑函数。

Linton 和 Mammem（2005）考虑半参数 ARCH（∞）模型

$$h_t(\theta, m) = \sum_{j=1}^{\infty} \psi_j(\theta) m(u_{t-j}). \tag{6.14}$$

其中，θ 为有限维参数，m 为未知平滑函数，系数 ψ_j 满足：对任意 θ，$\psi_j(\theta) \geq 0$，且 $\sum_{j=1}^{\infty} \psi_j(\theta) < \infty$。对于上述模型的具体讨论参考上面提到的论文。

6.4　多元波动率模型

在前面介绍的单变量的波动率模型设定中

$$u_t = \sqrt{h_t} v_t.$$

其中，$h_t = \mathrm{Var}(u_t \mid I_t)$。对 h_t 进行建模有助于理解金融市场中波动率随时间变化的规律，如聚集性、非对称性（杠杆效应）、厚尾性等。然而，理解多个变量（股票）波动率之间的相互影响和共同趋势（comovement）对于理解金融市场同样重要。本节将前面介绍的一元 GARCH 模型拓展到多元的情形，构建多元（multivariate）GARCH 模型。

一般，对 $N \times 1$ 维均值为 0 的向量 $\boldsymbol{u}_t$，我们考虑

$$\boldsymbol{u}_t = \boldsymbol{H}_t^{\frac{1}{2}} \boldsymbol{v}_t. \tag{6.15}$$

其中，$\boldsymbol{H}_t = \mathrm{Var}(\boldsymbol{u}_t \mid \boldsymbol{I}_t)$，$\boldsymbol{v}_t$ 是独立同分布的 $N \times 1$ 维均值为 0 的扰动向量且满足 $E(\boldsymbol{v}_t \boldsymbol{v}_t') = \boldsymbol{I}$。对条件异方差矩阵 $\boldsymbol{H}_t$ 的设定需要考虑几个方面的问题：（1）$\boldsymbol{H}_t$ 中参数的维度；（2）$\boldsymbol{H}_t$ 的正定性。

在现有的研究中，一类方法是对条件协方差矩阵 $\boldsymbol{H}_t$ 直接建模，另一类方法是对条件方差和条件相关系数进行建模。下面分别进行介绍。

6.4.1　条件协方差模型

Bollerslev 等（1988）提出的 VEC-GARCH 模型为

$$\mathrm{vech}(\boldsymbol{H}_t) = \boldsymbol{c} + \sum_{j=1}^{q} \boldsymbol{A}_j \mathrm{vech}(\boldsymbol{u}_{t-j} \boldsymbol{u}_{t-j}') + \sum_{j=1}^{p} \boldsymbol{B}_j \mathrm{vech}(\boldsymbol{H}_{t-j}).$$

其中，$\text{vech}(\boldsymbol{M})$ 将对称方阵 $\boldsymbol{M}$ 中的列元素按照下三角的顺序排列成列，$\boldsymbol{c}$ 为 $N(N+1)/2$ 维列向量，$\boldsymbol{A}_j, \boldsymbol{B}_j$ 均为 $\dfrac{N(N+1)}{2} \times \dfrac{N(N+1)}{2}$ 维矩阵。该模型中的参数个数与 N^4 成比例，因此，实际建模中不允许 N 太大。

Engle 和 Kroner(1995) 提出了 BEKK(Baba-Engle-Kraft-Kroner) 模型，即

$$H_t = CC' + \sum_{j=1}^{q} \sum_{k=1}^{K} \boldsymbol{A}'_{kj} \boldsymbol{u}_{t-j} \boldsymbol{u}'_{t-j} \boldsymbol{A}_{kj} + \sum_{j=1}^{p} \sum_{k=1}^{K} \boldsymbol{B}'_{kj} \boldsymbol{H}_{t-j} \boldsymbol{B}_{kj}. \tag{6.16}$$

其中，$\boldsymbol{A}_{kj}, \boldsymbol{B}_{kj}, \boldsymbol{C}$ 为 $N \times N$ 维参数矩阵，且 $\boldsymbol{C}$ 为下三角矩阵。该模型中参数的个数与 N^2 成比例，因此在实际应用中也不允许 N 太大。

6.4.2 条件方差和条件相关系数模型

Bollerslev(1990) 提出了 CCC-GARCH(constant correlation) 模型。在该模型中，条件相关系数不随时间改变，条件协方差的变化完全由条件方差的变化来刻画。具体地，

$$H_t = D_t P D_t. \tag{6.17}$$

其中，$\boldsymbol{D}_t = \text{diag}\{h_{1t}^{\frac{1}{2}}, \cdots, h_{Nt}^{\frac{1}{2}}\}$，$\boldsymbol{P} = [\rho_{ij}]$ 为正定矩阵，且 $\rho_{ii} = 1, i = 1, \cdots, N$。因此，对任意 $i, j = 1, \cdots, N$，有

$$[\boldsymbol{H}_t]_{ij} = h_{it}^{\frac{1}{2}} h_{jt}^{\frac{1}{2}} \rho_{ij}.$$

对于 $\boldsymbol{h}_t = (h_{1t}, \cdots, h_{Nt})$ 中的每一个元素，可以按照一元 GARCH 的建模方式，如

$$\boldsymbol{h}_t = \omega + \sum_{j=1}^{q} \boldsymbol{A}_j \boldsymbol{u}_{t-j} \odot \boldsymbol{u}_{t-j} + \sum_{j=1}^{p} \boldsymbol{B}_j \boldsymbol{h}_{t-j}.$$

其中，$\odot$ 表示 Hadamard(逐元或 elementwise) 乘积，ω 是 $N \times 1$ 维向量，$\boldsymbol{A}_j$ 和 $\boldsymbol{B}_j$ 是 $N \times N$ 维对角矩阵。

Engle(2002) 将该模型拓展为条件相关系数动态变化的 DCC-GARCH 模型。特别地，他考虑一个动态变化的矩阵过程，即

$$\boldsymbol{Q}_t = (1 - a - b) \boldsymbol{S} + a \boldsymbol{v}_{t-1} \boldsymbol{v}'_{t-1} + b \boldsymbol{Q}_{t-1}. \tag{6.18}$$

其中，$a > 0, b \geq 0$ 且 $a + b < 1$，$\boldsymbol{S}$ 为标准化后的误差 $\boldsymbol{v}_t$ 的无条件相关系数矩阵，$\boldsymbol{Q}_0$ 为正定矩阵。动态相关系数矩阵通过 $\boldsymbol{Q}_t$ 的标准化得到，即

$$\boldsymbol{P}_t = (\boldsymbol{I} \odot \boldsymbol{Q}_t)^{-\frac{1}{2}} \boldsymbol{Q}_t (\boldsymbol{I} \odot \boldsymbol{Q}_t)^{-\frac{1}{2}}. \tag{6.19}$$

Hafner 等(2006) 将 DCC-GARCH 模型进行了拓展，首先采用多元参数 GARCH 模型对

序列进行建模，得到标准化的残差序列 $\hat{e}_t = \hat{D}_t^{-1} u_t$，然后采用非参数的方法对条件相关系数矩阵进行估计。具体地，

$$Q_t = \frac{\sum_\tau \hat{e}_\tau \hat{e}_\tau' K_b(s_\tau - s_t)}{\sum_\tau K_b(s_\tau - s_t)}. \tag{6.20}$$

然后代入(6.19)式得到 P_t 的估计。在(6.20)式中，s_t 为条件变量，K 为核函数，b 为窗宽参数。

Long 等(2011)考虑结合参数多元 GARCH 模型，并利用非参数方法对其得到的条件协方差矩阵的估计进行修正。具体地，对于任意一个参数 GARCH 模型得到的协方差估计量 $\hat{H}_t$，计算得到标准化后的残差 $\eta_t = \hat{H}_t^{-1} u_t$。然后重新采用非参数估计量来得到协方差的估计

$$\widetilde{H}_t = \hat{H}_t^{\frac{1}{2}} \frac{\sum_\tau \eta_\tau \eta_\tau K_b(s_\tau - s_t)}{\sum_\tau K_b(s_\tau - s_t)} \hat{H}_t^{\frac{1}{2}}. \tag{6.21}$$

(6.21)式中，s_t 为条件变量，K 为核函数，b 为窗宽参数。$\widetilde{H}_t$ 可以看作非参数估计量对参数估计量 $\hat{H}_t$ 的修正估计。

6.5　案例分析

本案例将介绍多个时间序列的波动率联合建模。我们采用 2005 年 1 月 4 日至 2007 年 12 月 22 日的标准普尔(简称标普)综合指数(SPC)和国际商业机器公司(IBM)的股票价格，计算其对数回报率，并用多元 GARCH 模型对其波动率进行建模。图 6-6 展示了 IBM 股票和标普指数对数回报率的时序图。

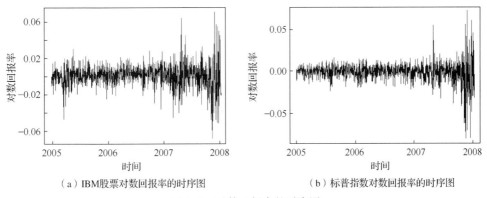

（a）IBM股票对数回报率的时序图　　　　（b）标普指数对数回报率的时序图

图 6-6　对数回报率的时序图

令 r_t 代表其对数回报率，我们发现它没有明显的序列相依性，但是有明显的条件异方差特征。因此，选择 $\mu_t = \mu$，应用 BEKK(1,1) 模型拟合 r_t。均值方程中关于 $\hat{\mu}$ 的估计值为 $\hat{\mu} = (0.0007, -0.00015)$，BEKK(1,1) 模型参数的估计值展示在表 6-1 中。

表 6-1 BEKK(1,1) 模型参数的估计值

参数	估计值	
$\hat{C}$	0.002098	0
	0.000935	0.001230
$\hat{A}_{11}$	0.016883	−0.037360
	0.023180	0.173835
$\hat{B}_{11}$	0.369252	−0.102241
	0.010627	0.142047

图 6-7 展示了基于 BEKK 模型计算得到的对数回报率的波动率和协方差的时序图。

针对同样的数据，拟合 DCC 模型。均值方程的估计值为 $(0.001164, 0.000066)$。针对每个序列拟合一个一维的高斯 GARCH(1,1) 模型，其中，两个拟合的模型结果具体如下：

$$\sigma_{11,t} = 0.000004 + 0.0593 a_{1,t-1}^2 + 0.897 \sigma_{11,t-1},$$

$$\sigma_{22,t} = 0.000003 + 0.0476 a_{2,t-1}^2 + 0.901 \sigma_{22,t-1}.$$

使用上面两个模型的波动率序列得到边际标准化序列为

$$\hat{\eta}_t = (\hat{\eta}_{1t}, \hat{\eta}_{2t})', \hat{\eta}_{it} = \frac{\hat{a}_{it}}{\sqrt{\sigma_{ii,t}}},$$

然后对 $\hat{\eta}_t$ 应用 DCC 模型。为了解决回报率的厚尾问题，假设 DCC 模型的误差服从多元 t 分布。

拟合的 DCC 模型（Engle，2002）为

$$Q_t = (1 - 0.955 - 0.0116)\bar{\rho} + 0.955 Q_{t-1} + 0.0116 \hat{\eta}_{t-1} \hat{\eta}_{t-1}',$$

$$\rho_t = J_t Q_t J_t.$$

其中，$J_t = \operatorname{diag}\{q_{11,t}^{-\frac{1}{2}}, q_{22,t}^{-\frac{1}{2}}\}$，$q_{ii,t}$ 是 Q_t 的第 (i,i) 个元素。多元 t 分布的估计的自由度为 11.36。

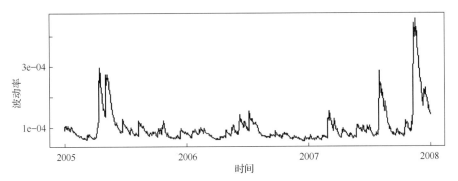

（a）IBM股票对数回报率的波动率的时序图

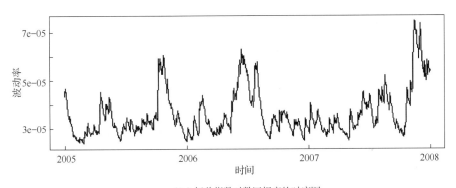

（b）标普指数对数回报率的时序图

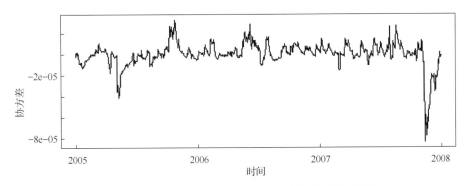

（c）IBM股票和标普指数对数回报率的协方差的时序图

图 6-7　时序图（BEKK）

图 6-8 展示了基于 DCC 模型计算得到的对数回报率的波动率和协方差的时序图。

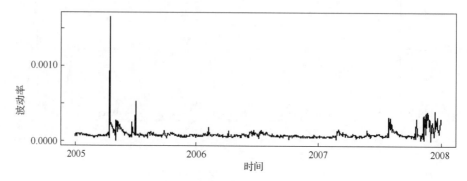

（a）IBM股票对数回报率的波动率的时序图

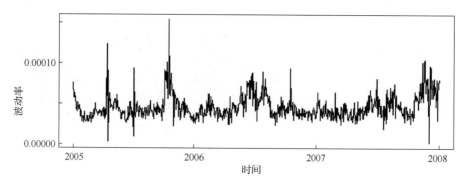

（b）标普指数对数回报率的波动率的时序图

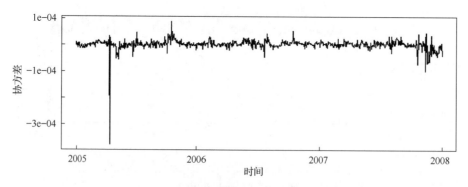

（c）IBM股票和标普指数对数回报率的协方差的时序图

图 6-8　时序图（DCC）

接着以上述两个模型得到的条件协方差的估计量作为初始值，采用 Long 等 (2011) 提出的方法，考虑结合参数多元 GARCH 模型，并利用非参数方法对其得到的条件协方差进行修正。这里选用的核函数为多元高斯核函数，其中窗宽是通过大拇指法则进行选择的。

图 6-9 和图 6-10 分别展示了基于 BEKK 和 DCC 参数模型进行非参数修正后的协方差的估计值。

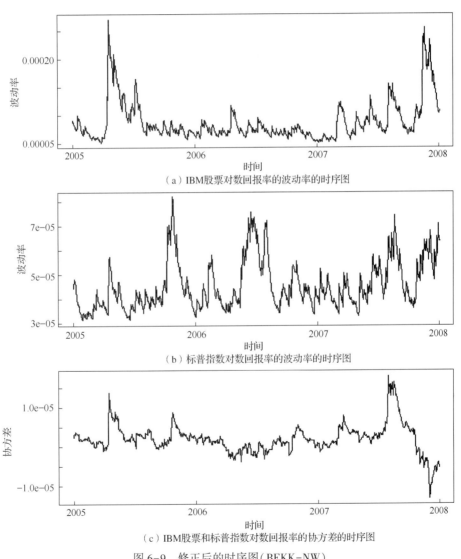

（a）IBM股票对数回报率的波动率的时序图

（b）标普指数对数回报率的波动率的时序图

（c）IBM股票和标普指数对数回报率的协方差的时序图

图 6-9　修正后的时序图（BEKK-NW）

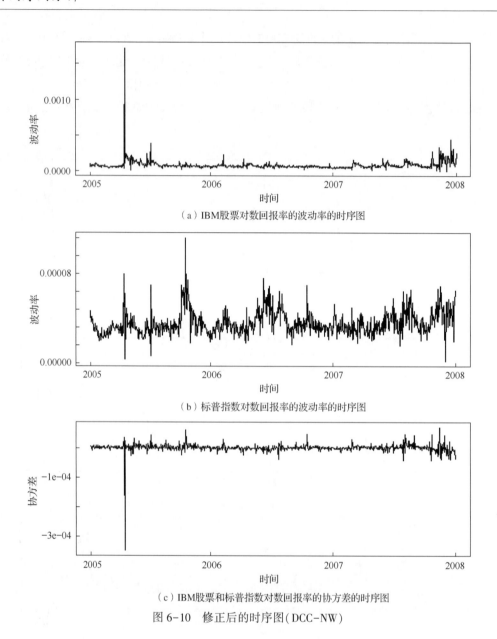

（a）IBM股票对数回报率的波动率的时序图

（b）标普指数对数回报率的波动率的时序图

（c）IBM股票和标普指数对数回报率的协方差的时序图

图 6-10　修正后的时序图（DCC-NW）

　　针对上述提到的 BEKK、DCC 以及 Long 等人提出的 SCC 方法，进行了 100 步向前预测。通过计算预测误差来比较不同模型的预测效果。具体来说，计算波动率的预测均方误差

$$\mathrm{MSE} = \frac{1}{T-R} \sum_{t=R}^{T-1} (\boldsymbol{\omega}'_{t+1} \hat{\boldsymbol{H}}_{t+1} \boldsymbol{\omega}_{t+1} - \boldsymbol{\omega}'_{t+1} \boldsymbol{r}_{t+1} \boldsymbol{r}'_{t+1} \boldsymbol{\omega}_{t+1})^2,$$

其中，$\hat{\boldsymbol{H}}_{t+1}$ 是 $\boldsymbol{H}_{t+1}$ 在时间点 t 的一步向前预测。这里的 R 为 2007 年 12 月 31 日，预测的样本截至 2008 年 1 月 31 日。这里考虑对两个收益率采用相同的权重，也就是说选用 $\boldsymbol{\omega}_t = \left(\frac{1}{2}, \frac{1}{2}\right)$。不同模型的预测结果展示在表 6-2 中。

表 6-2　不同模型的波动率预测均方误差($\times 10^{-8}$)

预测结果	BEKK	BEKK-NW	DCC	DCC-NW
MSE	9.923	4.713	9.579	4.524

我们发现，BEKK 和 DCC 模型预测效果表现类似，且经过非参数修正后预测效果都有所改善，具体表现为预测的 MSE 都下降了 50% 左右。因此，我们发现 Long 等（2011）提出的非参数修正的方法是有效的，能够显著提升预测精度。

习题

1. 什么是 ARCH 模型？举例说明该模型中刻画条件异方差的关键参数。

2. 如何检验数据中是否存在条件异方差？

3. 如何确定 ARCH 模型中的阶数？通过实例来说明。

4. 如何确定 GARCH 模型中的阶数？通过实例来说明。

5. 找到一个符合 TGARCH 模型的时间序列，并对模型的参数进行估计，最后对该序列进行预测。

6. 阅读介绍半参数 GARCH 模型的论文，并阐述如何实现模型的估计。通过实例来说明它的应用价值。

第7章 时间序列的机器学习方法

本章导读

前面章节介绍了经典的时间序列模型。近年来，机器学习方法在各类数据分析和实证研究中受到追捧。本章将介绍几个较为流行的机器学习方法，以及它们在时间序列数据分析中的应用。这些方法包括支持向量回归、回归树和聚类，它们在时间序列预测和分类中具有广泛的应用价值。

7.1 支持向量回归

支持向量机(support vector machine，SVM)要解决的是分类问题，即如何为混合在一起的两类数据寻找到一个最优分离超平面将它们分离开(Cortes 和 Vapnik，1995)。

7-1 支持向量回归

将支持向量的方法用来进行回归分析的研究始于 Vapnik(1995)。该方法结合了支持向量机中的合页损失(hinge loss)函数，定义出支持向量回归(support vector regression，SVR)。下面以时间序列中的回归为例来介绍 SVR。

对于时间序列样本 $\{y_t, x_t\}_{t=1}^{T}$，考虑

$$y_t = f(x_t) + e_t.$$

其中，x_t 可以包含 y_t 的滞后项和其他可以用来预测的解释变量，$f(x) = w'x + b$，w 和 b 为待确定的模型参数。该线性设定在实际应用时可以放宽为 $f(x) = w'\phi(x) + b$，其中的非线性函数 $\phi(x)$（特种空间中的特征向量）已知。如果 $\phi(x)$ 未知，则通常可以通过再生核希尔伯特空间(reproducing kernel hilbert space，RKHS)来近似(周志华，2016)。

SVR 在估计参数 w 和 b 时，其损失函数和经典的回归模型有很大的不同。在经典的回

归模型中，只有当 $f(x)$ 准确预测 y 时，损失才会为 0。SVR 容忍预测可以存在一个较小的 ε 偏差，即只有预测的差别大于 ε 时才计算损失。这样定义的损失函数可以理解为以 $f(x)$ 为中心，构建一个宽度为 2ε 的间隔带，而落入此间隔带的样本都被判定为准确预测。SVR 的示意图如图 7-1 所示。

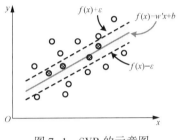

图 7-1 SVR 的示意图

下面，定义 ε-不敏感损失（ε-insensitive loss）函数，即

$$l_{\varepsilon}(e) = \begin{cases} 0, & \text{若 } |e| \leqslant \varepsilon, \\ |e| - \varepsilon & \text{其他}. \end{cases} \tag{7.1}$$

该损失函数与最小二乘法的损失函数如图 7-2 所示。易见，ε-不敏感损失函数在 0 附近的 ε 邻域内取值为 0，邻域外为绝对误差损失。

SVR 的目标函数为

$$\min_{w,b} \sum_{t=1}^{T} l_{\varepsilon}(y_t - \mathbf{w}'x_t - b) + \frac{1}{2\lambda} \mathbf{w}'\mathbf{w}. \tag{7.2}$$

其中，λ 为正则化参数，$\mathbf{w}'\mathbf{w}$ 为 $\mathbf{w}$ 的 L_2 范数。(7.2)式可以看作带惩罚项的最优化问题。由于 SVR 使用了 ε-不敏感损失函数，因此它也被称为 ε-回归。

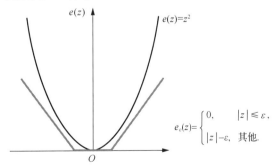

图 7-2 ε-不敏感损失函数与最小二乘法的损失函数

在非线性 SVR 中，采用核函数 $k(\cdot,\cdot)$，可以将未知函数(近似)表示为

$$f(\boldsymbol{x}_t) = \sum_{s=1}^{T} \alpha_t k(\boldsymbol{x}_t,\boldsymbol{x}_s) + b = \boldsymbol{K}_t \alpha + b. \tag{7.3}$$

其中，$\boldsymbol{K}_t = [k(\boldsymbol{x}_t,\boldsymbol{x}_1),\cdots,k(\boldsymbol{x}_t,\boldsymbol{x}_T)]$，是半正定核矩阵 $\boldsymbol{K}$ 的第 t 行。常用的核函数如表 7-1 所示。若将数据中心化，则上述的截距项 b 一般可以去掉。

表 7-1 常用的核函数

核函数名称	函数形式	参数
线性核	$k(\boldsymbol{x}_s,\boldsymbol{x}_t) = \boldsymbol{x}_s'\boldsymbol{x}_t$	
多项式核	$k(\boldsymbol{x}_s,\boldsymbol{x}_t) = (\boldsymbol{x}_s'\boldsymbol{x}_t)^p$	$p \geqslant 1$ 为多项式阶
高斯核	$k(\boldsymbol{x}_s,\boldsymbol{x}_t) = \exp\left(-\dfrac{\|\boldsymbol{x}_s-\boldsymbol{x}_t\|^2}{2\sigma^2}\right)$	$\sigma>0$ 为带宽
拉普拉斯核	$k(\boldsymbol{x}_s,\boldsymbol{x}_t) = \exp\left(-\dfrac{\|\boldsymbol{x}_s-\boldsymbol{x}_t\|}{\sigma}\right)$	$\sigma>0$
Sigmoid 核	$k(\boldsymbol{x}_s,\boldsymbol{x}_t) = \tanh(\theta\boldsymbol{x}_s'\boldsymbol{x}_t+\gamma)$	$\theta>0,\gamma<0$

非线性 SVR 的目标函数为

$$\min_{\alpha} \sum_{t=1}^{T} l_\varepsilon(y_t - \boldsymbol{K}_t\boldsymbol{\alpha}) + \frac{1}{2\lambda}\boldsymbol{\alpha}'\boldsymbol{K}\boldsymbol{\alpha}. \tag{7.4}$$

该问题没有显式解，一般通过最优化算法(二次规划，如 SMO 算法)来求解，实际计算的复杂度较大。在实际应用中，也可以采用最小二乘损失函数

$$l_2(e) = e^2, \tag{7.5}$$

最小绝对偏差(least absolute deviation)损失函数

$$l_1(e) = |e|, \tag{7.6}$$

以及 Huber 损失函数

$$l_h(e) = \begin{cases} |e|, & |e|>h, \\ \dfrac{e^2}{2h}+\dfrac{h}{2}, & |e| \leqslant h, \end{cases} \tag{7.7}$$

来替代 ε-不敏感损失函数，构造 LS-SVM、LAD-SVM 和 Huber-SVM。具体介绍见 Wang 等 (2014) 和 Chen 等 (2017)。

7.2 回归树

最早的回归树算法即 AID(automatic interaction detection)源自 Morgan 和 Sonquist(1963)。Breiman 等(1984)专门讨论了分类和回归树(classification and regression tree，CART)，使得回归树算法重新被关注并获得广泛应用。该算法基于观测样本 $\{y_t, x_t\}_{t=1}^{T}$，建立如下的回归方程：

7-2 回归树

$$y_t = f(x_t) + e_t,$$

其中，$f(\cdot)$ 为分段常值函数，即存在正整数 M 和 x_t 取值空间 χ 的一个划分 $R_1, \cdots, R_M$，使得 $\chi = \bigcup_{m=1}^{M} R_m$ 且

$$f(x) = \sum_{m=1}^{M} c_m \cdot 1\{x \in R_m\}. \tag{7.8}$$

在给定上述划分时，可采用平方预测误差(也称为"不纯度"，impurity)来度量该回归函数在训练数据上的预测精度。易见，使得平方预测误差最小的预测为

$$\hat{c}_m = \mathrm{argmin}_{c_m} \sum_{x_t \in R_m} [y_t - f(x_t)]^2$$

$$= \frac{\sum_{t=1}^{T} y_t 1(x_t \in R_m)}{\sum_{t=1}^{T} 1(x_t \in R_m)} \tag{7.9}$$

$$=: \mathrm{avg}(y_t \mid x_t \in R_m).$$

即落入 R_m 中所有 x_t 对应的 y_t 的样本均值。

在实际数据分析中，划分的区域个数 M 以及划分的区域 $R_1, \cdots, R_M$ 都未知。分类回归树利用分类树的思想，把 x_t 取值的区域递归地分成两个子区域 $R_1(x, s) = \{x \mid x \leq s\}$ 和 $R_2(x, s) = \{x \mid x > s\}$，并确定每个区域上 y 的预测值。进而对每个子区域重复这个过程，直到某种停止条件满足。这样就确定了划分的个数、所有的划分以及每个划分上 y 的预测值。两变量的决策树和分段常值函数如图 7-3 所示。

下面具体介绍当 x_t 是多维(p)时，如何构建分类回归树，选择区域切分点以及确定停止条件。

第 1 步：遍历 $j = 1, \cdots, p$，求解最优切分变量 j 和切分点 s 使得

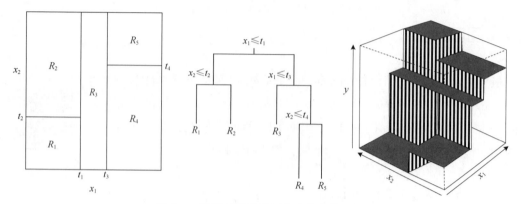

图 7-3　两变量的决策树和分段常值函数

$$\min_{j,s}\Big[\min_{c_1}\sum_{x_t\in R_1(x,s)}(y_t-c_1)^2+\min_{c_2}\sum_{x_t\in R_2(x,s)}(y_t-c_2)^2\Big].$$

即对每个固定的变量 j，遍历所有可能的切分点 s 使得上式达到最小，然后找到使得上式达到最小的 j，从而得到最优的 (j,s)。

第 2 步：计算在上述最优 (j,s) 下的区域切分及每个区域的预测。

$$R_1(x,s)=\{x\mid x^{(j)}\leqslant s\},R_2(x,s)=\{x\mid x^{(j)}>s\},$$

$$\hat{c}_m=\mathrm{avg}(y_t\mid x_t\in R_m),m=1,2.$$

第 3 步：继续对上述划分区域采用第 1~2 步的方法进行切分，直至停止条件满足。

第 4 步：将第 3 步所得的区域记为 $R_1,\cdots,R_m$，计算得到回归树

$$\hat{f}(x)=\sum_{m=1}^{M}\hat{c}_m1(x\in R_m).$$

在上面第 3 步中，停止条件也称为剪枝(prunning)。预剪枝(pre-prunning)是指在第 3 步中，利用当前得到的回归树对样本外的数据进行预测。如果当前得到的回归树比前一次切分得到的回归树预测精度低，则停止继续切分(类似向前回归法，逐一判断是否需要增加切分)。后剪枝(post-prunning)则是指先从训练集生成一个完整的决策回归树，然后从最尾端进行剪枝(即去掉切分点)，如果剪枝后回归树在样本外的预测精度得到提升，则将该切分点去掉；否则不剪枝。重复该过程直到不需要剪枝为止。

除了剪枝之外，在实践中也常用如下的模型选择准则。定义

$$C_\alpha(T_0)=\sum_{m=1}^{|T_0|}\sum_{t=1}^{T}[y_t-\hat{c}_m1(x_t\in R_m)]^2+\alpha|T_0|,\tag{7.10}$$

其中 T_0 为一个较大的树，$|T_0|$ 表示该树的分区 R_m 个数，$\hat{c}_m$ 为第 m 个分区上 y 的均值，α $\geqslant0$ 为调节参数。我们选择 $T_\alpha\subset T_0$ 使得 $C_\alpha(T_0)$ 最小。易见，上述准则中第一项为拟合优度，第二项为模型复杂度的度量。α 越大，对模型的复杂度惩罚项越大，选择的模型就会越小；反之同理。α 一般由交叉验证来选择，具体见 Breiman 等（1984）。记交叉验证选择的调节参数值为 $\hat{\alpha}$，则最终的回归树为 $T_{\hat{\alpha}}$。

7.3　聚类

聚类（clustering）是一类常见的数据分类方法。传统的聚类没有预测变量（无监督学习），目标是按照某种数据特征，将观测数据分成几类。聚到同一类的数据在数据特征上相似度（similarity）较高，不同类之间的数据特征相似度较低，从而使得每一类数据都可以通过简单的数据特征来代表。在实际应用中，该方法广泛应用于消费者市场细分（market segmentation）、金融市场分类等问题。下面首先介绍数据之间的距离度量和聚类问题，接着介绍常用的两种聚类方法、k 均值聚类和分层聚类。

7-3　聚类

7.3.1　聚类的基本思想

聚类的基本假设是观测数据来自 K 类，不同类的数据特征不同。数据特征可以是原始数据值（均值）、数据中提取的某种特征（序列的方差、序列的相关性、小波变换等）、数据所符合的模型的参数等。具体见 Liao（2005）的综述。下面以基于原始数据的聚类为例，阐述聚类的基本思想和方法。

将观测值 $\{x_t\}_{t=1}^T$ 的下标 $\{1,\cdots,T\}$ 划分成 K 个不相交的集合 $\{I_1,\cdots,I_k\}$。从而，对 $\forall t\in\{1,\cdots,T\}$，存在唯一的 k 使得 $t\in I_k$。对于每一个类 I_k，定义它的中心位置为 c_k，并度量落在该类中的观测值到中心位置的距离（相似度）为

$$d_k=\sum_{t\in I_k}d(x_t,c_k),$$

其中，$d(\cdot,\cdot)$ 为距离函数。

常用的距离函数如下。

（1）欧氏距离：$d(a,b)=\sqrt{\sum_{j=1}^p(a_j-b_j)^2}$。

(2)切比雪夫距离：$d(a,b) = \max\limits_{j=1,\cdots,p} |a_j - b_j|$。

(3)曼哈顿距离：$d(a,b) = \sum\limits_{j=1}^{p} |a_j - b_j|$。

(4)闵可夫斯基距离：$d(a,b) = [\sum\limits_{j=1}^{p} |a_j - b_j|^q]^{1/q}$。

易见，当 $q=1,2,\infty$ 时，闵可夫斯基距离分别对应曼哈顿距离、欧氏距离和切比雪夫距离。

中心位置 c_k 通常通过最小化 I_k 中的元素到它的距离 d_k 来求得。如果选择 $d(\cdot,\cdot)$ 为欧氏距离的平方，则易得

$$c_k = \mathrm{argmin} \sum_{t \in I_k} (x_t - c_k)^2$$

$$= \frac{1}{|I_k|} \sum_{t \in I_k} x_t.$$

聚类则是要找到 $\{1,\cdots,T\}$ 的划分 $\{I_1,\cdots,I_K\}$，使得各个类中的数据到其中心位置的距离的和最小，即

$$\min_{I_1,\cdots,I_K} \sum_{k=1}^{K} \sum_{t \in I_k} d(x_t, c_k),$$

其中，

$$c_k = \mathrm{argmin}_c \sum_{t \in I_k} d(x_t, c).$$

易见，中心位置 c_k 的确定依赖于分类 I_k，而分类又依赖于中心位置，因此该问题没有显式解，一般需要通过迭代算法来实现。另外，上述最优化问题的求解非常困难，其计算复杂度为 $O(K^T)$（每个数据都有 K 种可能的分类选择）。因此，非常难以找到该问题的最优解。下面介绍两种常用的有效聚类方法，即 k 均值聚类和分层聚类。它们可以快速找到聚类最优化的局部最优解。

7.3.2　k 均值聚类

由前面的介绍可知，如果选择 $d(\cdot,\cdot)$ 为欧氏距离的平方，则每一类的中心是该类中观测数据的均值。k 均值聚类则是在给定聚类个数 K 后，采用欧氏距离的平方作为相似度度量，将观测数据分类到各个类的方法。首先，给定每一类的中心位置 c_k，将每一个观测数据分到离它最近的类。其次，重新计算每一类数据的均值，作为新的中心位置 c_k。将上述两个步骤迭代，即可求得聚类问题的局部最优解。

具体来说，k 均值聚类的算法主要由以下两步的迭代算法构成。

第 1 步：随机确定 K 个类的中心位置(或者每个观测值所属的类别)。

第 2 步：循环执行下列(1)和(2)(或者(2)和(1))，直至算法收敛。

(1)将每个观测数据重新分配到离它最近的类；

(2)计算每个类的中心位置 c_k。

在上述算法中，第 1 步初值的确定一般可能影响到最终的分类结果。在实际应用中，一般采取多个不同的初值进行多次聚类，最后选取使得目标函数达到最小的聚类结果。在第 2 步中，观测数据重新分配和中心位置的更新分别解决了聚类问题目标函数最小化的两个最优问题。因此，每一次迭代都会使得目标函数减小，最终实现算法收敛。该迭代算法的优点是计算速度快，较容易实现较大数据集的聚类。

上述算法要求聚类的个数 K 已知。在实际应用中，K 有时候可以通过具体的研究问题来确定。此外，也可以基于数据来确定 K，如通过信息准则实现。定义信息准则为

$$\text{IC}(K) = L(K) + \lambda_n pK. \tag{7.11}$$

其中，$L(K)$ 表示聚类数为 K 时的最优目标函数值，p 为数据的维度。λ_n 为调节参数，当 $\lambda_n = 2$ 时，信息准则为 AIC；当 $\lambda_n = \log(T)$ 时，该信息准则对应于 BIC。

7.3.3 分层聚类

与 k 均值聚类不同的是，分层聚类无须设定聚类数目 K，而是从每一个数据开始寻找最近的数据邻居，形成聚类，随后层层往上聚类，形成一个树状图，最终确定聚类数目。分层聚类示意图如图 7-4 所示。

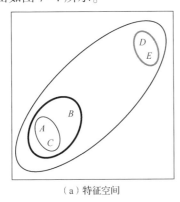
（a）特征空间

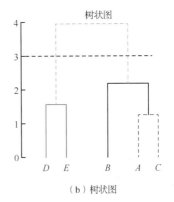
（b）树状图

图 7-4 分层聚类示意图

分层聚类由以下 4 个步骤来实现。

第 1 步：将每一个观测值单独作为一个类别。

第 2 步：将两个距离最近的类别合并，形成一个新的类。

第 3 步：重复第 2 步，直至所有的观测值都聚在同一类。

第 4 步：根据某种准则（如类之间距离的一个临界值或信息准则），确定聚类的数目。

在上述算法中，需要计算类别（集合）之间的距离。下面介绍几种常用的集合之间的距离，也被称为连接（linkage）。

1. 完全连接法

该方法将两个类别之间的距离定义为两类中所有观测值之间距离的最大值：

$$D_{i,j} = \max_{t \in I_i} \max_{s \in I_j} d(x_t, x_s).$$

2. 单一连接法

与完全连接法相反，单一连接法将两类之间的距离定义为两类中所有观测值之间距离的最小值：

$$D_{i,j} = \min_{t \in I_i} \min_{s \in I_j} d(x_t, x_s).$$

3. 平均连接法

该方法将两类之间的距离定义为两类中所有观测值对之间距离的平均值：

$$D_{i,j} = \frac{1}{|I_i||I_j|} \sum_{t \in I_i} \sum_{s \in I_j} d(x_t, x_s).$$

4. 中心连接法

该方法将两类之间的距离定义为两类的中心位置之间的距离：

$$D_{i,j} = d\left(\frac{1}{|I_i|} \sum_{t \in I_i} x_t, \frac{1}{|I_j|} \sum_{t \in I_j} x_t \right).$$

其中，$d(\cdot, \cdot)$ 常取欧氏距离。

第 4 步中确定聚类数目的信息准则，可以类似 7.3.2 节中 k 均值聚类中确定 K 的 AIC 或 BIC 来实现。

7.4 案例分析

7.4.1 案例分析 1：SVR 和回归树的应用

同例 4-1，使用美国 GNP 1947 年第一季度至 2021 年第三季度，共 299 个季度数据进行建模，分别拟合 SVR 和回归树模型，并展示建模和预测的结果。

假设 GNP 的数据是 $\{x_t\}_{t=1,\cdots,299}$，其增长率定义如下：

$$y_t = 100(\log x_t - \log x_{t-1}), t = 2,\cdots,299.$$

首先用增长率的前 278 个数据拟合 SVR 模型，为了同例 4-1 的非线性模型进行比较，这里拟合的是 AR(12) 模型，即用滞后 $1,2,\cdots,12$ 阶作为自变量。使用 R 语言 e1071 包的 svm() 函数进行 SVR。结果表明，在训练集的 278 个样本点中，共有 237 个支持向量机。这里默认的核函数为径向（radial）核。接着在测试集中预测，并计算均方误差。结果显示，测试集的均方误差为 2.885。在表 7-2 中，用偏差（bias）、均方误差（RMSE）以及平均绝对误差（MAE）来衡量预测方法的准确性。

下面改用线性核进行 SVR 估计并计算预测的均方误差。我们发现，使用线性核的 SVR，均方误差变大，达到 3.667。其余指标也展示在表 7-2 中。为了和例 4-1 中介绍的非线性方法以及线性模型进行比较，将所有结果汇总在表 7-2 中。比较后可以发现，使用径向核的 SVR 模型的预测效果最好，说明该数据适合用非线性模型拟合，且展示了 SVR 模型在预测上的能力。

接下来使用回归树算法来拟合该数据。使用 R 包 rpart 中的 rpart() 函数估计决策树。其中 rpart() 函数默认进行 10 折交叉验证。更直观地，可以画出决策树，展示在图 7-5 中。从图 7-5 中可以看出，在根节点的分裂条件为一阶滞后项 $y_{t-1} < 1.763$。如果不满足此条件，则应该往右。下一个节点的分裂条件为 $y_{t-11} < 3.489$。若不满足该条件，则继续向右，说明最终 GNP 增长率的预测值为 3.697。其他的条件和预测值可以类似得到。

如何选择决策树的规模并使其具有最佳的泛化预测能力？这可以通过交叉验证来实现。之前使用的是默认的 10 折交叉验证，这里可以直接使用函数 plotcp() 画交叉验证误差图，结果如图 7-6 所示。该图的下方横轴为复杂性参数 cp，控制对模型复杂度的惩罚力度，上方横轴为决策树规模，即终节点的数目，纵轴为（相对的）交叉验证误差以及相应的标准误差。图 7-6 显示，当终节点的数目为 2 时，交叉验证误差达到最低。

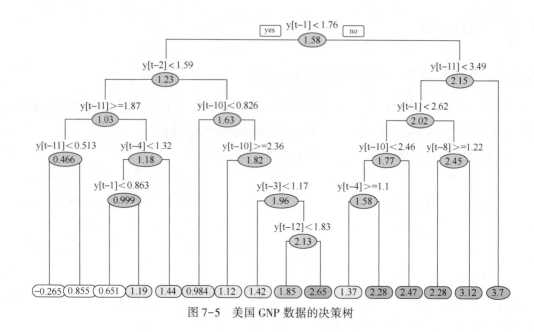

图 7-5　美国 GNP 数据的决策树

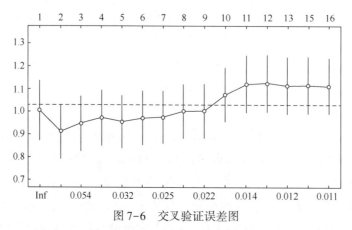

图 7-6　交叉验证误差图

　　为得到修枝后的最优模型，下面提取能使交叉验证误差最小化的最优复杂性参数 cp，然后使用修枝函数 prune()，即可得到最终的决策树。下面同样用最终的决策树在测试集中进行预测，并计算其预测误差，整理在表 7-2 中。

　　总的来看，带有径向核的 SVR 模型预测表现最好，STAR 模型和回归树的预测结果次之。

表 7-2　美国 GNP 数据的预测精度

	bias	RMSE	MAE
SETAR	0.578	4.436	2.342
STAR	0.014	3.057	1.443
Markov	0.463	4.395	2.454
ARMA	−0.473	3.122	1.498
SVR(径向核)	−0.226	2.885	1.324
SVR(线性核)	−0.198	3.667	1.822
回归树	−0.353	3.068	1.429

7.4.2　案例分析 2：时间序列聚类

本案例将考虑对 12 个美国工业生产(非耐用品制造业)指数的月度指标(Stock 和 Watson，2008)按照其时间序列特征进行聚类。这些指数包含：1，食品；2，饮料；3，烟草；4，纺织厂；5，纺织产品厂；6，服饰；7，皮革和相关产品；8，纸张；9，印刷和相关支持活动；10，石油和煤炭产品；11，化学；12，塑料和橡胶产品。数据范围是 1972 年 1 月至 2010 年 8 月。

采用 Corduas 和 Piccolo(2008)提出的 AR 距离作为时间序列之间距离的度量，结合 k 均值聚类和分层聚类的方法进行时间序列聚类。基本思想如下：首先将这 12 列时间序列数据进行一阶差分，然后对差分后的数据分别拟合 AR 过程；其次，把 AR 过程的系数提取出来，作为每个时间序列的特征；最后，基于每个时间序列的特征，计算两两序列之间的 AR 距离，并根据 AR 距离进行聚类。这里采用的时间序列$\{x_t\}$和$\{y_t\}$之间的 AR 距离定义为

$$d = \sqrt{\sum_{j=1}^{\infty} (\pi_{xj} - \pi_{yj})^2}.$$

其中，π_{xj}和π_{yj}分别代表时间序列$\{x_t\}$和$\{y_t\}$所拟合的第 j 个 AR 系数的值。

针对得到的 AR 系数矩阵，首先采用 k 均值聚类的方法，对这 12 个时间序列进行分类。

一个重要的问题是如何选择聚类的数目 K? 我们采用手肘法。为此，针对 $K=1,\cdots,10$，计算相应的误差平方和，并画图，结果显示在图 7-7 中。从图 7-7 中可以看出，SSE 的"手肘"在 $K=5$ 处拐弯，因此选择 $K=5$。

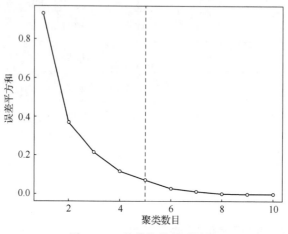

图 7-7　k 均值聚类的手肘图

为便于在三维空间可视化，使用前 3 个特征变量(即前 3 个 AR 系数)进行聚类分析。首先，用 R 包 rgl 中的 plot3d() 函数画三维散点图。将 12 个变量聚成 5 类，并根据分类的结果给数据上色，将最终结果展示在图 7-8 中。

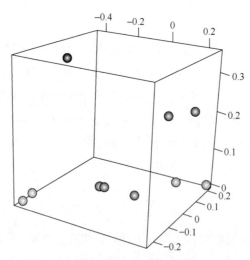

图 7-8　前 3 个 AR 系数的三维散点图

结合 k 均值聚类结果，把食品、纸张、印刷和相关支持活动、石油和煤炭产品、化学分为一类，把饮料、烟草分为一类，把纺织厂、皮革和相关产品分为一类，纺织产品厂自成一类，把服饰、塑料和橡胶产品分为一类。

下一步，使用 hclust() 函数来实现分层聚类。首先使用完全连接法，可以画出分层聚类的树状图，如图 7-9 所示。树状图的纵向降幅与误差平方的减小幅度成正比。

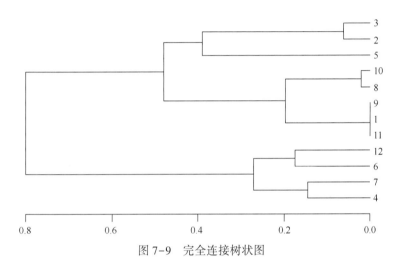

图 7-9　完全连接树状图

下面使用平均连接法进行分层聚类，并画出树状图，如图 7-10 所示。

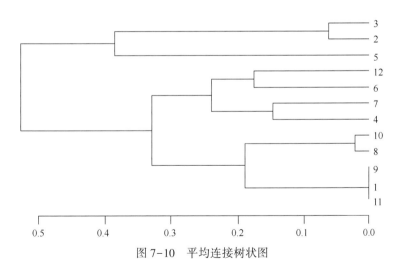

图 7-10　平均连接树状图

接着，使用单一连接法进行分层聚类并画出树状图，如图 7-11 所示。

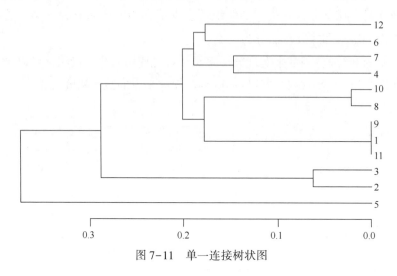

图 7-11　单一连接树状图

最后，使用中心连接法进行分层聚类并画出树状图，如图 7-12 所示。

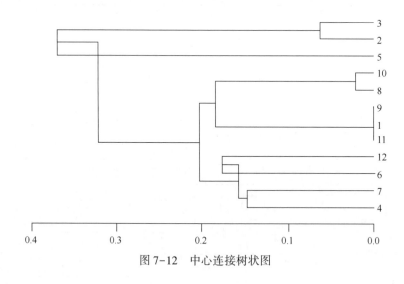

图 7-12　中心连接树状图

总结而言，分层聚类结果和 k 均值聚类结果类似。

习题

1. 什么是 SVR？它与最小二乘回归有何异同？

2. 如何在 SVR 中实现非线性预测？有哪些核函数可以采用？

3. 什么是回归树？论述它建模的基本思想和实现步骤。

4. 如何确定回归树中树枝的个数？

5. 什么是 k 均值聚类？什么是分层聚类？它们有什么异同？

6. 如何确定聚类中类的个数？

第 **8** 章 时间序列的深度学习方法

本章导读

近年来，深度学习方法在各类数据分析和实证研究中流行起来。本章主要介绍基于神经网络的深度学习方法，以及它们在时间序列数据分析中的应用。这些方法包括前馈神经网络、循环神经网络和卷积神经网络，它们在时间序列预测中具有较好的表现。

8.1 前馈神经网络

人工神经网络（artificial neural network，ANN）是由具有适应性的神经元（neuron）连接组成的网络，它能够模拟生物神经系统对现实世界所做出的交互反应。在生物神经系统中，每个神经元与其他神经元相连，将

8-1 前馈神经网络

获得的信号进行加总处理。如果信号的总量超过某个阈值，神经元就会兴奋起来，将信号传递给其他神经元。感知机则是由两层神经元组成的，输入层（input layer）接收外界信号后传递给输出层（output layer），这里的输入层和输出层都是神经元。

8.1.1 神经元

单个神经元结构如图 8-1 所示。$x_{1t},\cdots,x_{qt}$ 为 t 时刻输入神经元的信号，它们按照权重（$w_s,s=1,\cdots,q$）通过组合函数 $\Sigma(\cdot)$ 进行组合，得到神经元收到的总输入值 u_t。然后通过激活（activation）函数 $f(\cdot)$ 处理后产生神经元的输出 $z_t=f(u_t)$。

神经元通常采用线性函数来对输入信息进行组合，即

$$u_t=\Sigma(x_{1t},\cdots,x_{pt})=\sum_{s=1}^{q}w_sx_{st}+b. \tag{8.1}$$

这里 b 为神经元的偏差项。

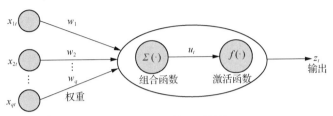

图 8-1　单个神经元结构

　　理想的激活函数为阶梯(step)函数，如图 8-2(a)所示。它将输入值映射成输出值 0 或者 1，其中 1 对应神经元兴奋，0 对应神经元抑制。然而，该函数不连续的特征使得在实际应用中难以进行参数的最优化求解。常用的激活函数包括如下几类(见图 8-2、图 8-3 和图 8-4)。

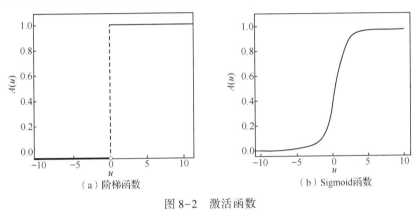

(a)阶梯函数　　　　　　　　　　　(b)Sigmoid函数

图 8-2　激活函数

图 8-3　激活函数：tanh 函数、eliot 和 arctan 函数

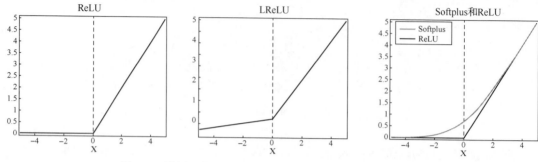

图 8-4　激活函数：ReLU 函数、LReLU 函数和 Softplus 函数

1. S 型函数

S 型（squashing）函数是通常用来近似（0-1）阶梯函数的平滑函数。常见的 S 型函数如下。

（1）Sigmoid 或 Logistic 函数：$\varLambda(u) = \dfrac{1}{1+e^{-u}} \in (0,1)$。

（2）tanh 函数：$\tanh(u) = 1 - \dfrac{2}{1+e^{2u}} = 2\varLambda(2u) - 1 \in (-1,1)$。

（3）eliot 函数：$\mathrm{eliot}(u) = \dfrac{u}{1+|u|} \in (-1,1)$。

（4）arctan 函数：$A(u) = \dfrac{2}{\pi}\arctan(u) \in (-1,1)$。

2. ReLU 函数

（1）ReLU 函数。ReLU 函数是修正线性单元（rectified linear unit）函数的简称，也被称作线性整流函数。它是目前深度神经网络中经常使用的激活函数：

$$\mathrm{ReLU}(u) = \max\{0,u\} \in [0,\infty).$$

ReLU 函数的输出值可以取 0（不被激活），可以使得神经网络呈现稀疏的特征。这一特点和生物神经网络中处于兴奋的神经元一般非常稀疏类似，因此该激活函数具有生物学上的解释。

（2）LReLU 函数。LReLU 函数即泄露（leaky）ReLU 函数，在输入值为负时，依然允许神

经元有一个较小的兴奋度, 避免该神经元永远不被激活。该函数定义为

$$\mathrm{LReLU}(u) = \max\{z, \gamma z\}.$$

其中 $0 < \gamma < 1$。

（3）Softplus 函数。Softplus 函数可以看作 ReLU 函数的平滑近似, 以弥补 ReLU 函数不光滑的不足。

$$\mathrm{Softplus}(u) = \ln(1 + \mathrm{e}^u).$$

3. Softmax 函数

对同一层的 j 个神经元, 对 $j = 1, \cdots, J$, Softmax 函数定义为

$$A_j(u) = \frac{\exp(u_j)}{\sum_{i=1}^{J} \exp(u_i)}.$$

该函数能保证在同一层的神经元的输出值之和为 1。

8.1.2　多层感知机

在感知机的基础上引入多层神经元, 可以构建多层感知机, 即常用的神经网络。信息由输入层输入, 输出层输出, 中间层一般被称为隐藏层（hidden layer）。如图 8-5 所示, 各个自变量通过输入层的神经元输入网络。输入层的各个神经元和第一层隐藏层的各个神经元连接, 每一层隐藏层的各个神经元又与下一层的各个神经元连接。输入层的自变量通过各个隐藏层的神经元进行信息转换后, 在输出层输出最终的预测值 $\hat{y}_t$。

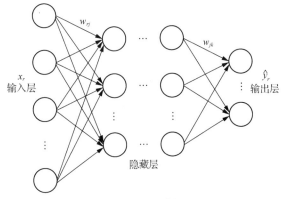

图 8-5　多层感知机

信息在隐藏层通常通过线性函数进行组合，然后通过 S 型激活函数处理加工；而在输出层，信息经过线性函数组合后，通过与预测变量类型相匹配的激活函数进行变换。由于该网络中信息不断加工后向下一层传递，因此这类网络通常被称为前馈（feedforward）神经网络。

图 8-6 所示的前馈神经网络模型为常见的 2-3-1 模型。其输入层包含两个输入变量 x_{1t}, x_{2t}，它们通过线性组合和 Sigmoid 变换，形成隐藏层中第 j 个神经元的输出信息，即

$$z_j = \frac{1}{1+\exp(-b_j-w_{1j}x_{1t}-w_{2j}x_{2t})}, \quad j=1,2,3.$$

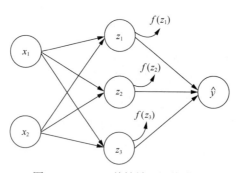

图 8-6　2-3-1 前馈神经网络模型

在输出层，这些信息首先通过线性组合后，再经过输出层的激活函数输出：

$$\hat{y}_t = f(b_y+w_{1y}z_1+w_{2y}z_2+w_{3y}z_3).$$

这里，激活函数 $f(\cdot)$ 的选择根据预测变量 y 的类型来决定。例如

（1）y 为连续变量：采用恒等变换 $f(u)=u$。

（2）y 为 0-1（二值）变量：采用 heavy-side 函数

$$f(u)=\begin{cases}0, & u<0,\\ 1, & u\geq0.\end{cases}$$

（3）y 为非负变量：采用 Box-Cox 变换的逆变换。

（4）y 为比例变量：采用 Sigmoid 变换。

（5）y 为多分类变量：此时，输出层包含 K 个输出单元，每个输出单元的值用 u_k 表示

（可采用 Softmax 变换），对因变量的预测为 $\hat{y}_t = \text{argmax}_k u_k$，$k = 1, \cdots, K.$

将预测直接表示成输入变量和参数的函数可得

$$\hat{y}_t = f\left[b_y + \sum_j^3 \frac{w_{jy}}{1 + \exp(-b_j - w_{1j}x_{1t} - w_{2j}x_{2t})} \right]. \tag{8.2}$$

在该预测中，权重参数 w_{1j}, w_{2j}, w_{jy}，以及偏差项 $b_j (j = 1, 2, 3)$，b_y 均为未知参数，需要通过样本进行拟合。它们可以通过拟合损失函数，如残差平方和

$$SSR = \sum_j^T (y_t - \hat{y}_t)^2$$

进行最优化求得。该最优化是参数的高度非线性函数，没有显式解，一般通过反向传播（back-propagation，BP）算法来迭代求解。

多层感知机是一种通用的近似器，可以构造出非常复杂的非线性模型。根据通用近似定理，包含单一隐藏层的神经网络模型，只要其神经元数目足够多，就能以任意精度逼近任何一个定义在有界闭集上的连续函数。使用多个隐藏层可使得多层感知机能够更准确地近似求得未知函数，提升模型的预测能力。

8.2　卷积神经网络

前面介绍的神经网络模型，在处理高维度数据(计算机视觉)时，常常会面临待估参数过多、数据之间空间信息丢失等问题。卷积神经网络(convolutional neural network，CNN 或 ConvNet)采用卷积(convolution)运算来改善神经网络中的上述问题。该网络受到生物学中"感受野"机制(视觉、听觉等神经系统)的启发，假设神经元只接收到其所支配的刺激区域内的信号，然后经过信息的汇聚和压缩，再进入前馈神经网络中。这里感受野机制的数学抽象就是常用的卷积运算，该网络也因此而得名。卷积神经网络中具有两个特有的网络层级：卷积层和汇聚层。下面对这两个层级进行简单介绍。

首先，以一维时间序列和二维图形数据为例，介绍卷积的基本原理。考虑时间序列数据 $[1, 1, 2, -1, 1, -2, 1]$，若将该序列数据采用卷积核(convolution kernel)$K = [1, 0, -1]$ 进行卷积运算，则可得 $[-1, 2, 1, 1, 1]$。如图 8-7 所示，该运算将原本维度为 7 的序列减少到了维度为 5 的序列。类似地，若取 $K = [1, 0, 0]$，则得 $[0, 0, 0, 1, 1, 0]$。显然，不同的卷积核可以提取出不同的特征(feature)。若采用多个卷积核对数据的特征进行提取，就能构成卷积层(convolutional layer)。

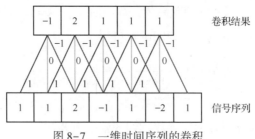

图 8-7　一维时间序列的卷积

若输入的数据是 5×5 的像素(图形)矩阵，假如采用一个 3×3 的卷积核对此图形进行卷积运算，就能得到图 8-8 所示的结果。简单的理解，卷积就是将卷积核在输入矩阵上进行滑动，每一次计算得到的值为逐元相乘后求和。卷积运算后，数据变成 3×3 的矩阵。

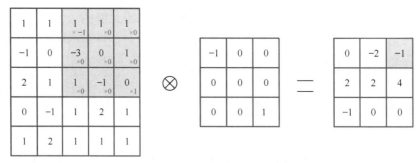

图 8-8　二维时间序列的卷积

注意，一元时间序列数据也可以采用多种方式来图形化，如递归(recurrence，$R(i,j)=$ 1 当 $|x_i-x_j|$ 足够小时成立；否则取 0)等。从而它可以转化为上述的(图形)矩阵数据形式进行输入，一元时间序列数据的递归图如图 8-9 所示。如果输入值是多元时间序列数据，则可以直接看成矩阵数据，作为卷积神经网络的输入值。

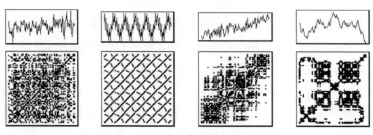

图 8-9　一元时间序列数据的递归图

经过卷积运算后，所得的特征映射的维度仍然可能很高。这样，为了进一步对数据进行降维，可以对特征映射进行汇聚（也称为池化，pooling），从而形成汇聚层（pooling layer）。常用的汇聚方式包括最大汇聚（max pooling）和平均汇聚（average pooling）。前者在特征映射的局部取最大值，而后者取平均值。如图 8-10 所示，经过汇聚后，信息将传递到前面介绍的神经网络模型中，进行进一步的信息加工，最终形成预测。完整的卷积神经网络模型的基本结构如图 8-11 所示。

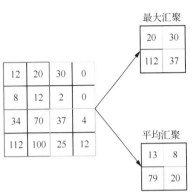

图 8-10　特征映射的汇聚

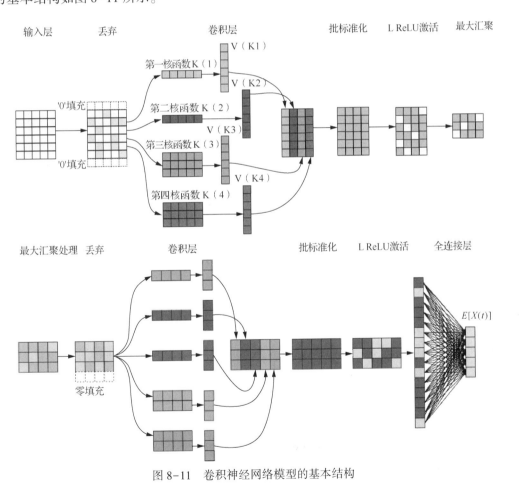

图 8-11　卷积神经网络模型的基本结构

在卷积神经网络模型中，汇聚层只求局部最大或平均，不待估参数。卷积层中的卷积核需要由所需提取的特征来确定，卷积层也可以看成部分连接的隐藏层，连接的权重可以当作参数进行估计。卷积神经网络同样可以通过 BP 算法来迭代求解。

卷积神经网络的雏形源自日本学者福岛邦彦在 1980 年提出的新认知机。LeCun 等（1990）掀起了现代卷积神经网络的浪潮。经典的卷积神经网络包括 LeNet-5、AlexNet、VGG、Inception、ResNet、DenseNet 和 MobileNet 等。详见陈强（2020，第 15 章）、王汉生和周静（2020，第 4~6 章）等。其他的常见神经网络模型包括径向基函数（radial basis function）网络、自适应谐振理论（adaptive resonance theory）网络、自组织映射（self-organizing map）网络、级联相关（cascade-correlation）网络、Boltzmann 机等。详见周志华（2016）、邱锡鹏（2020）等。

8.3 循环神经网络

在前面介绍的网络模型中，信息的传递是单向（前馈）的，这一特征无法捕捉生物神经网络中对当前和历史信息的循环利用的特征。循环神经网络（recurrent neural network，RNN）是一类具有短时记忆能力的神经网络。在循环神经网络中，神经元不但可以接收其他神经元的信息，还可以接收自身的信息（当前的输出信息以及过去一段时间的输出信息），形成具有环路的网络结构。因此，和前馈神经网络相比，循环神经网络更加符合生物神经网络的结构。

下面介绍循环神经网络中的 3 个基本的循环网络：简单循环单元网络、长短期记忆网络和门控循环单元网络。

8.3.1 简单循环单元网络

时间序列建模中引入历史信息的最简单做法就是在模型中加入自回归项。为此，Elman（1990）提出了简单循环单元网络，即假设隐藏层的输出值 h_t 既依赖于当期输入值 x_t，又依赖于上一时刻的输出值 h_{t-1}，则有

$$h_t = \sigma(\boldsymbol{W}_i h_{t-1} + \boldsymbol{V}_i x_t + b_i),$$
$$z_t = \tanh(\boldsymbol{W}_0 h_t + b_0).$$

这里假设 h_t 为 d 维隐藏层的输出，x_t 为 q 维外部输入，$\boldsymbol{W}_i, \boldsymbol{V}_i, \boldsymbol{W}_0$ 为权重矩阵，b_i, b_0 为偏

差，σ 为 Sigmoid 函数。该网络可以看作引入了一个延时器，将隐藏层的历史输出值记录下来，作为内部输入值输入隐藏层，如图 8-12 所示。

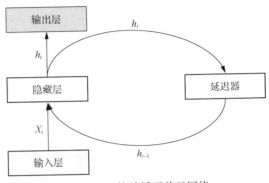

图 8-12　简单循环单元网络

　　根据通用近似定理，一个具有足够多的简单循环单元的神经网络可以足够准确地近似任意一个非线性函数。因此，将简单循环单元网络连接到前馈神经网络就可以解决所有近似可计算的预测问题。该模型可以通过 BP 算法（详见邱锡鹏，2020）来训练参数。然而，该模型在长序列的参数训练中会遇到算法梯度计算上的问题（梯度爆炸或消失）。网络无法将数据的长时记忆传递到对未来数据的预测中。为此，介绍两种简单循环单元网络的变种：长短期记忆网络和门控循环单元网络。

8.3.2　长短期记忆网络

　　Hochreiter 和 Schmidhuber（1997）提出的长短期记忆（long short-term memory，LSTM）单元，是一类可以刻画长时记忆且避免前述梯度计算问题的循环网络单元。

　　长短期记忆单元的基本结构如下：

$$i_t = \sigma(\boldsymbol{W}_i h_{t-1} + \boldsymbol{V}_i x_t + b_i),$$
$$o_t = \sigma(\boldsymbol{W}_o h_{t-1} + \boldsymbol{V}_o x_t + b_o),$$
$$f_t = \sigma(\boldsymbol{W}_f h_{t-1} + \boldsymbol{V}_f x_t + b_f),$$
$$\widetilde{C}_t = \tanh(\boldsymbol{W}_c h_{t-1} + \boldsymbol{V}_c x_t + b_c),$$
$$C_t = i_t \odot \widetilde{C}_t + f_t \odot C_{t-1},$$
$$h_t = o_t \odot \tanh(C_t),$$
$$z_t = h_t.$$

与简单循环单元相比，长短期记忆单元加入了隐藏状态、单元状态和门控机制（gating mechanism）。隐藏状态对应于短期记忆部分 h_{t-1}，它将实现循环单元的记忆功能。单元状态包括内部单元状态 C_t 和候选单元状态 $\widetilde{C}_t$，其中前者实现线性信息传递，而后者实现非线性信息传递。3 个控制门控制信息传递路径，其中，遗忘门（f_t）控制上一时刻的内部状态（C_{t-1}）需要遗忘多少信息，输入门（i_t）控制当前时刻的候选单元状态（$\widetilde{C}_t$）有多少信息需要保存，输出门（o_t）控制当前时刻的内部单元状态（C_t）有多少信息需要输出给外部状态（h_t）。在上述表示中，$\odot$ 为向量的 Hadamard 乘积。

长短期记忆网络的结构如图 8-13 所示。该网络的计算过程为：（1）利用上一时刻的外部状态 h_{t-1} 和当前时刻的输入 x_t，计算出 3 个门 f_t, i_t, o_t，以及候选状态 $\widetilde{C}_t$；（2）结合遗忘门 f_t 和输入门 i_t 更新记忆单元 C_t；（3）结合输出门 o_t，将内部状态的信息传递给外部状态 h_t。

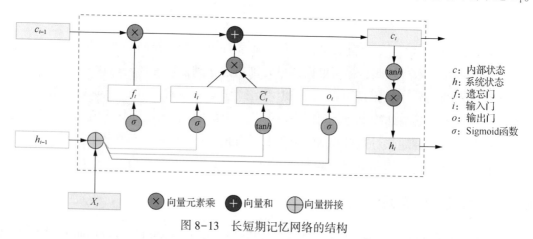

图 8-13　长短期记忆网络的结构

8.3.3　门控循环单元网络

Cho 等（2014）引入的门控循环单元（gated recurrent unit，GRU）网络，是一种比长短期记忆网络更简单的循环神经网络。它通过引入门控机制来控制信息更新的方式。和长短期记忆不同的是，门控循环单元不引入额外的记忆单元，而只是引入一个更新门（update gate）来控制当前状态需要从历史状态中保留多少信息，以及需要从候选状态中接受多少新信息。

门控循环单元网络的基本结构如下：

$$u_t = \sigma(\boldsymbol{W}_u h_{t-1} + \boldsymbol{V}_u x_t + b_u),$$

$$r_t = \sigma\left(\boldsymbol{W}_r h_{t-1} + \boldsymbol{V}_r x_t + b_r\right),$$

$$\tilde{h}_t = \tanh\left(\boldsymbol{W}_h\, r_t h_{t-1} + \boldsymbol{V}_h x_t + b_h\right),$$

$$h_t = u_t \odot \tilde{h}_t + (1 - u_t) \odot h_{t-1},$$

$$z_t = h_t.$$

其中，$u_t \in [0,1]$ 为更新门。当 $u_t = 1$ 时，当前状态 h_t 和前一时刻的状态 h_{t-1} 之间为非线性函数关系；当 $u_t = 0$ 时，h_t 和 h_{t-1} 之间为线性函数关系。$\tilde{h}_t$ 表示当前时刻的候选状态。$r_t \in [0,1]$ 为重置门（reset gate），用来控制候选状态 $\tilde{h}_t$ 的计算是否依赖上一时刻的状态 h_{t-1}。门控循环单元网络的结构如图 8-14 所示。

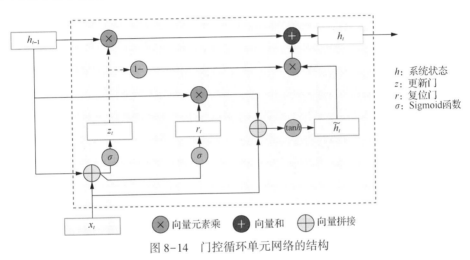

图 8-14 门控循环单元网络的结构

8.4 案例分析

8.4.1 案例分析 1：美国 GNP 数据神经网络预测

本案例将使用例 4-1 中的美国 GNP（1947 年第一季度到 2021 年第三季度）数据，总共 299 个季度数据，拟合神经网络模型进行建模，并展示建模和预测的结果。

假设 GNP 的数据是 $\{x_t\}_{t=1,\cdots,299}$，其增长率为

$$y_t = 100\left(\log x_t - \log x_{t-1}\right), t = 2, \cdots, 299.$$

首先用增长率的前 278 个数据作为训练集拟合神经网络模型，为了同例 4-1 的非线性模型

进行比较，这里拟合的是 AR(12) 模型，即用滞后 1,2,…,12 阶的 GNP 增长率作为自变量。

这里使用 R 语言程序包 neuralnet 来演示前馈神经网络的操作，该程序包相对于只能允许单一隐藏层的 R 语言程序包 nnet 来说，优势在于允许多个隐藏层。

在估计神经网络模型之前，必须对数据进行预处理，即把数据归一化，使得每个变量的最小值变为 0，而最大值变为 1。预处理之后，使用函数 neuralnet() 来估计包含单一隐藏层的神经网络模型，其中，设定单一隐藏层共有 6 个神经元，使用 Logistic 函数（即 Sigmoid 函数）作为激活函数。图 8-15 展示了估计的神经网络结构。

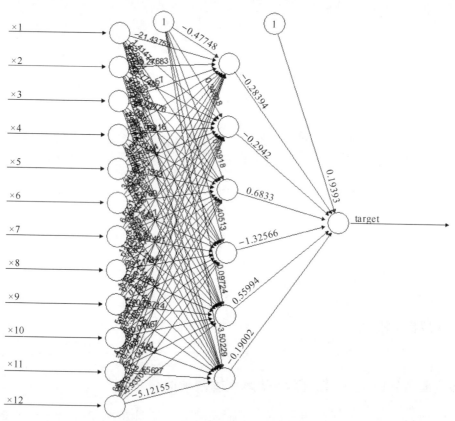

图 8-15　单一隐藏层的神经网络结构估计

下面使用所估计的神经网络模型，在由后 20 个数据构成的测试集中进行预测，并计算估计的精度。预测的偏差为 0.316，均方根误差为 4.437，平均绝对误差为 2.107。

此外，这里也使用了函数 neuralnet() 提供的 tanh() 函数作为激活函数。同样进行建模和预测，预测的偏差为 0.214，均方根误差为 6.811，平均绝对误差为 2.902。结果显示，使用 tanh() 函数作为激活函数，使得测试集的均方误差上升了。在接下来的建模中均使用默认的 Logistic 激活函数。

对于单隐藏层的神经网络，使用神经元的个数是一个需要抉择的问题，且会影响到后期预测的效果。这里设定最大的神经元个数为 10，并分别计算使用 1,…,10 个神经元的预测误差，选择能够使得测试集均方误差达到最小的神经元个数。图 8-16 展示了不同隐藏神经元个数的均方误差的结果。结果表明，当神经元的个数为 7 时，测试集的均方误差达到最小。而当神经元的个数超过 7 时，出现过拟合现象，模型的均方误差反而增大了。

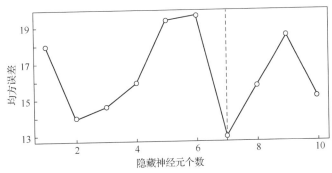

图 8-16　通过验证集法选择最优的神经元个数

下面尝试估计包含两个隐藏层的神经网络模型。同样使用验证集法来测试在每个隐藏层上需要的最优的神经元个数。通过验证集法，选择的第一层和第二层上的神经元个数分别为 1 和 8。针对最优神经元个数的模型，表 8-1 也展示了其预测的结果。最后也拟合了一个简单的 AR(12) 模型，并计算模型的精度，结果展示在表 8-1 中。

表 8-1　各种方法的预测精度

	bias	RMSE	MAE
SETAR	0.578	4.436	2.342
STAR	0.014	3.057	1.443
Markov	0.463	4.395	2.454

	bias	RMSE	MAE
ARMA(1,2)	−0.473	3.122	1.498
SVR(径向核)	−0.226	2.885	1.324
SVR(线性核)	−0.198	3.667	1.822
回归树	−0.353	3.068	1.429
神经网络(单层)	0.393	3.600	1.823
神经网络(两层)	−0.534	3.128	1.530
AR(12)	0.446	3.135	1.673

结合第 7 章案例分析的结果，我们发现带有径向核的 SVR 预测表现仍是最好的。多层神经网络的表现要优于单层神经网络。

8.4.2 案例分析 2：股票涨跌的神经网络预测

采用上证指数 2019 年 1 月 2 日至 2021 年 3 月 5 日的数据，将利用神经网络模型对股票的涨跌进行预测。为此，计算相邻两天的开盘价的差值。若差值为正，表明指数是上涨了，那么定义响应变量(涨跌情况)为 1；若差值为负，就定义响应变量为 0。

将数据分成训练集和测试集两个部分，训练集为 2019 年 1 月 2 日至 2021 年 1 月 29 日的数据，测试集为最后 20 期的数据。在训练集上拟合模型，在测试集上进行预测并计算预测精度。

对回报率建立一个 AR 模型，通过 BIC 选出的模型为 AR(1)。因此，将滞后 1 阶的回报率作为特征变量，来对响应变量(涨跌情况)拟合一个二分类问题的神经网络模型。先将特征变量归一化，并将响应变量变为取值为 0 或者 1 的虚拟变量。接下来，估计一个双隐层神经网络模型，考察神经元的个数从 1 到 10，选择能使测试误差最小的神经网络结构。我们选中的神经元个数为第一层 10 个，第二层 6 个，使用的激活函数为 Logistic 函数，所得到的结果为条件概率。使用 predict() 函数进行预测，若预测上涨的概率高于 0.5，则定义预测值为上涨；否则预测值为下跌。为了度量预测的精度，计算混淆矩阵和测试误差。表 8-2 展示了基于神经网络和简单 Logistic 回归预测的混淆矩阵的结果。

表 8-2　神经网络和 Logistic 回归预测的混淆矩阵

预测值	真实值	
	跌	涨
跌	4, 0	1, 0
涨	5, 9	10, 11

　　结果显示，神经网络预测的测试误差为 30%，表现优于 Logistic 回归的测试误差 45%。且从表 8-2 中可以看出股票价格上涨时，两种方法都预测得较为准确，但当股票价格下跌时，预测的准确度显著下降。特别地，Logistic 回归只能够预测价格上涨，而对价格下跌的预测完全不能够捕捉。

习题

1. 解释多层感知机的工作原理。
2. 如何选择激活函数？试举例说明。
3. 卷积的目的是什么？汇聚呢？它们有什么联系和区别？
4. 如何将不同类型的神经网络进行嫁接使用？
5. 简单循环单元网络、长短期记忆网络和门控循环单元网络的主要区别有哪些？

本章导读

　　前面的章节介绍了时间序列分析中一些常见的建模方法，以及它们的建模基本思想、建模步骤、模型的理论性质和适合的应用场景。在经济管理的研究中，这些方法可以灵活运用、互相补充，以求更好地解决投资决策和政策制定等问题。本章将通过对第 1 章中介绍的案例的数据进行分析，将本书介绍的时间序列建模的方法进行综合运用，以诠释时间序列数据建模和分析在实证研究中的价值。

9.1　案例分析：投资组合

　　在第 1 章的案例分析中介绍了金融市场中的一个经典决策问题：投资组合。从中我们知道，条件均值和条件方差的预测是确定最优投资组合的关键。本章使用前面章节介绍的对条件均值和方差进行预测的多种方法，求解最优的投资比例，从而解决投资决策的问题。

　　使用第 1 章中介绍的简单均值预测作为一个基准预测模型，同时考虑第 2~8 章介绍的预测模型进行预测。由于介绍的模型众多，然而本案例无法完全覆盖所有方法，因此选择从每一类模型中选择具有代表性的模型，进行比较研究。这些模型包括线性模型中运用最广泛的 ARMA 模型、在例 4-1 中采用的非线性预测模型中表现最好的 STAR 模型、非参数方法中表现较为稳健的核回归的预测方法、机器学习中具有强大预测能力的支持向量回归模型以及两层神经网络预测模型，共 6 种模型来构建条件均值的预测。同理，将利用简单均值预测、GARCH 模型、核回归、支持向量回归和神经网络预测，共 5 种方法来进行条件方差的预测。利用滚动一步向前预测的方法计算每个时间点条件期望和条件方差的预测值，从而计算每个时间点的投资比重，以期达到最好的预测效果，使得财富最大化。

　　股票的超额收益率的预测在金融学上被广泛关注。这里收集了标准普尔 500 指数 1927 年 1 月至 2011 年 12 月的月度数据。这里考虑的时间序列为超额收益率,也就是标准普尔 500 指数的收益率减去现行的短期利率。图 9-1 展示了超额收益的时序图,及其相应的样本自相关函数和样本偏自相关函数。

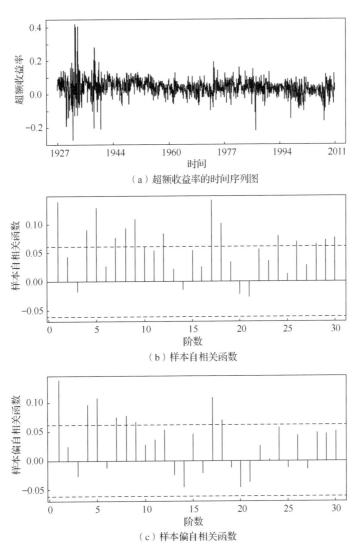

（a）超额收益率的时间序列图

（b）样本自相关函数

（c）样本偏自相关函数

图 9-1　超额收益率的时序图、样本自相关函数及样本偏自相关函数

首先，图 9-1(a)显示，超额收益率序列围绕其均值上下稳定地波动，具有平稳的特征。ADF 单位根检验的 p 值接近于 0，这也说明该时间序列不是单位根过程。其次，也对数据做 Ljung-Box 检验，统计量的 p 值也是非常接近于 0 的。这说明该检验拒绝原假设，该序列存在一定的序列相依性。这一特征与图 9-1(b)和图 9-1(c)展示出的序列相依性吻合。最后，对中心化后的超额收益率做 ARCH-LM 检验，检验显示该数据存在很强的 ARCH 效应。对中心化的超额收益率平方做的 Ljung-Box 检验也验证了这个结论。

9.2　股票的超额收益率的均值预测

首先对序列的条件均值做预测。这里采用滚动向前一步预测法，对 2011 年最后 6 个月的数据进行预测。具体地，把均值预测作为一个基准预测。对于 ARMA 模型，BIC 选取的阶数为 $p = q = 3$。在 STAR 模型中，通过 BIC 来选择控制区制变化的变量 y_{t-d} 的滞后阶数 d，选出的结果为 $d = 1$。在核回归中，选用带有高斯核函数的局部线性估计，其中窗宽是通过交叉验证的方法选取的。支持向量回归模型采用的是径向核函数。最后，神经网络模型包含两层隐藏层，且每层隐藏层的神经元个数是通过最小化预测误差得到的，其中第一层有 9 个神经元，第二层有 4 个神经元。

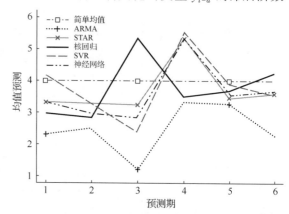

图 9-2　股票超额收益率均值的预测

针对上述 6 个均值预测模型，对超额收益率的均值进行 6 期滚动向前一步预测。如图 9-2 所示，我们发现，除了简单均值模型，其他模型在不同的时间点预测的均值都有所差异。

9.3　股票超额收益率的波动率预测

得到超额收益率的均值预测之后，考虑对条件方差进行预测。这里用观测的超额收益率数据减去拟合的条件均值，得到的预测误差用来拟合方差模型。

采用均值预测作为波动率预测的一个基准。在 GARCH 模型中，我们通过 BIC 来选择它的阶数。在核回归模型中，选用的是带有高斯核函数的局部线性估计，其中窗宽是通过交叉验证的方法选取的。同均值预测一样，基于支持向量回归模型对波动率的预测仍然采用径向核函数。最后，神经网络模型包含两层隐藏层，且每层隐藏层的神经元个数是通过最小化预测误差得到的，其中第一层有 2 个神经元，第二层有 1 个神经元。

针对上述 5 个波动率预测模型，结合 6 种条件均值预测模型，共 30 种模型组合，计算股票超额收益率的波动率的 6 期滚动向前一步预测。如图 9-3 所示，每一张图表示在一种波动率预测模型下，不同均值预测模型对应的波动率预测。例如，图 9-3(b) 展示了采用 6 种条件均值预测模型和波动率模型 GARCH 组合后产生的波动率预测。从图 9-3 中可以看出，不同的均值预测模型和波动率预测模型均会影响波动率的预测。

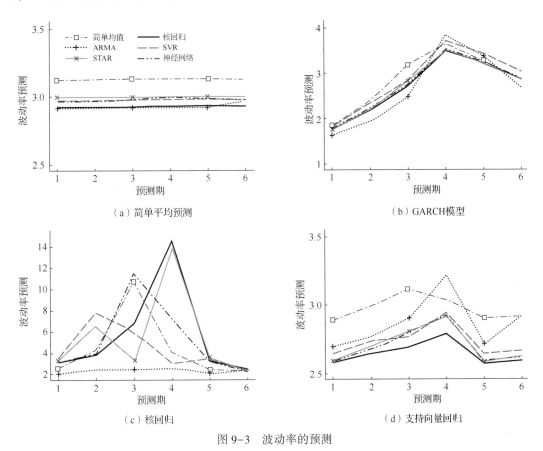

图 9-3　波动率的预测

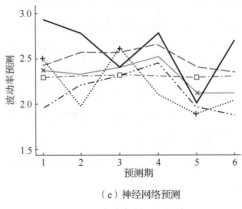

（e）神经网络预测

图 9-3　波动率的预测（续）

9.4　投资组合

在 t 时刻，将预测的条件均值和条件方差两两组合，得到最大化投资的效用函数：

$$E[U(w_{t+1})\mid Z_t]=E[w_{t+1}\mid Z_t]-\frac{c}{2}\mathrm{Var}[w_{t+1}\mid Z_t].$$

这里 Z_t 为包含 t 时刻所有信息的集合，c 为风险规避常数，$E[w_{t+1}\mid Z_t]$ 和 $\mathrm{Var}[w_{t+1}\mid Z_t]$ 为 $t+1$ 时刻财富的期望和方差的预测值。通过 9.2 节和 9.3 节得到的均值和波动率的预测值，最大化

$$\alpha\cdot w_t E[R_{t+1}\mid Z_t]-\frac{c}{2}\cdot\alpha^2\cdot w_t^2\mathrm{Var}[R_{t+1}\mid Z_t]$$

得到 t 时刻投资股票的比例 $\alpha=\dfrac{E[R_{t+1}\mid Z_t]}{cw_t\mathrm{Var}[R_{t+1}\mid Z_t]}$，其中，设置效用函数中的风险规避常数 $c=20$。

图 9-4 展示了基于 6 种均值预测模型和 5 种波动率预测模型得到的不同最优投资权重。例如，图 9-4(b) 展示了采用 6 种条件均值预测模型和波动率模型 GARCH 下产生的最优波动率。从图 9-4 中可以看出，基于不同的均值和方差预测模型可以得到不同的投资权重。另外，在不同的时期，我们应该灵活投资，采取不同的投资权重，从而达到较高的收益率。

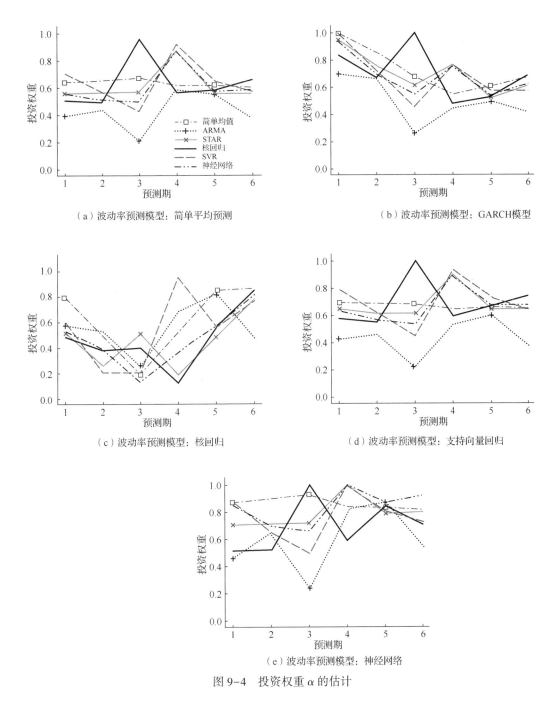

（a）波动率预测模型：简单平均预测

（b）波动率预测模型：GARCH模型

（c）波动率预测模型：核回归

（d）波动率预测模型：支持向量回归

（e）波动率预测模型：神经网络

图 9-4　投资权重 α 的估计

9.5 投资策略

由9.4节中得到的 t 时刻的投资权重，可以计算 $t+1$ 时刻投资者手中的财富。同理，根据计算得到的 $t+1$ 时刻的权重 α，继续循环向前，不断更新的投资策略，从而得到财富随着预测期滚动的时序图。设初始财富为1，基于6种条件均值预测模型和5种波动率预测模型算出投资权重后，计算并展示该权重对应的投资策略在不同预测期的财富。具体如图9-5所示，其中水平点线为初始财富。

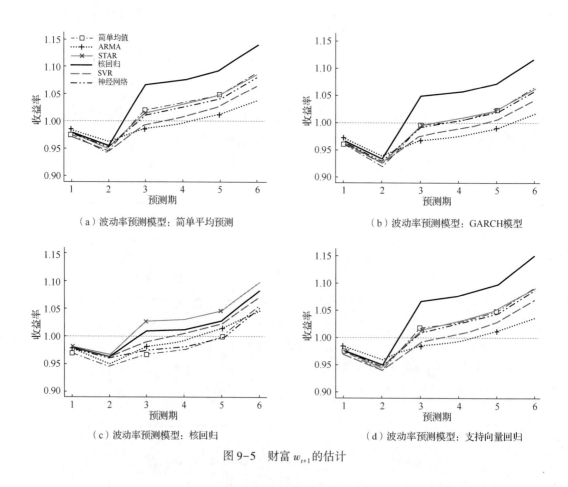

（a）波动率预测模型：简单平均预测　　（b）波动率预测模型：GARCH模型

（c）波动率预测模型：核回归　　（d）波动率预测模型：支持向量回归

图9-5　财富 w_{t+1} 的估计

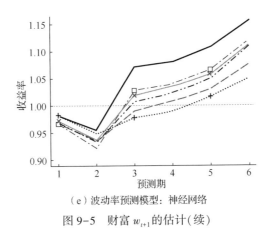

（e）波动率预测模型：神经网络

图 9-5 财富 w_{t+1} 的估计（续）

从图 9-5 中可以看出，基于不同的均值预测模型和波动率预测模型，在预测期得到的财富均不同。我们发现，在 $t=6$ 时达到最大收益的投资策略采用的条件均值预测模型是局部线性核回归模型，波动率预测模型是两层神经网络。

最后，为了方便比较，计算其他 3 种投资策略对应的收益。这 3 种投资策略分别是：（1）纯股票投资（$\alpha=1$）；（2）纯银行储蓄（$\alpha=0$）；（3）简单平均 $\left(\alpha=\dfrac{1}{2}\right)$。图 9-6 中以纯银行储蓄收益率为基准（图中水平点线），画出了最优投资组合、简单平均和纯股票投资这 3 种策略的相对收益比。

从图 9-6 中可以看出，在前两期，纯银行储蓄的投资表现得最好，而其他 3 种策略均受到股票投资的影响，收益为

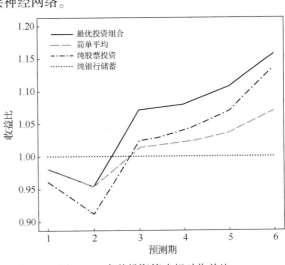

图 9-6 多种投资策略相对收益比

负。在后 4 期中，纯银行储蓄的投资表现平平无奇，收益较低，而我们的策略不仅有效规避了股票的高风险，且使收益达到最大。这说明基于对股票收益率的条件期望和条件方差的预测所构造的投资策略是有利可图的。

［1］ 陈强. 机器学习及 R 应用［M］. 北京：高等教育出版社，2020.

［2］ 李航. 统计学习方法［M］. 2 版. 北京：清华大学出版社，2019.

［3］ 邱锡鹏. 神经网络与深度学习［M］. 北京：机械工业出版社，2020.

［4］ 王汉生，周静. 深度学习：从入门到精通［M］. 北京：人民邮电出版社，2020.

［5］ 王振中，陈松蹊，涂云东(2022). 中国居民消费价格指数的动态结构研究及中美量化比较，数理统计与管理，接受待刊.

［6］ 周志华. 机器学习［M］. 北京：清华大学出版社，2016.

［7］ ANDERSON T W. On asymptotic distribution of estimates of parameters of stochastic difference equations［J］. Annals of Mathematical Statistics, 1959, 30：676-687.

［8］ ANDERSON T W. The Statistical Analysis of Time Series［B］, New York：Wiley, 1971.

［9］ ANDREWS D. Heteroskedasticity and autocorrelation consistent covariance matrix estimation ［J］. Econometrica, 1991, 59：817-858.

［10］ ANDREWS D W K, PLOBERGER W. Optimal tests when a nuisance parameter is present only under the alternative［J］. Econometrica, 1994, 62：1383-1414.

［11］ BIERENS H J. Higher-order sample autocorrelations and the unit root hypothesis［J］. Journal of Econometrics, 1993, 57：137-160.

［12］ BOLLERSLEV T. Generalized autoregressive conditional heteroskedasticity［J］. Journal of Econometrics, 1986, 31：307-27.

［13］ BOLLERSLEV T. Modeling the coherence in short-run nominal exchange rates：a multivariate generalized ARCH approach［J］. Review of Economics and Statistics, 1990, 72：

498–505.

[14] BOLLERSLEV T, ENGLE R F, WOOLDRIDGE J M. A capital asset pricing model with time-varying covariances[J]. Journal of Political Economy, 1988, 96(1): 116–131.

[15] BOLLERSLEV T, WOOLDRIDGE J M. Quasi-Maximum likelihood estimation and inference in dynamic models with time varying covariances[J]. Econometric Reviews, 1992, 11(2): 143–72.

[16] BOX G E, JENKINS G. Time Series Analysis: Forecasting and Control[B]. San Francisco: Holden-Day, 1976.

[17] BOX G E, JENKINS G M, REINSEL G C. Time Series Analysis: Forecasting and Control[B]. New Jersey: John Wiley & Sons, 2015.

[18] BOX G E, D. A. PIERCE D A. Distribution of residual autocorrelations in autoregressive-integrated moving average time series models[J]. Journal of American Statistical Association, 1970, 65: 1509–1526.

[19] BOX G E, TIAO G C. Intervention analysis with applications to economic and environmental problems[J]. Journal of the American Statistical Association, 1975, 70(349): 70–79.

[20] BREIMAN L, FRIEDMAN J H, OLSHEN R A, et al. Classification and Regression Trees[B]. Wadsworth, Belmont, 1984.

[21] BUJA A, HASTIE T, TIBSHIRANI R. Linear smoothers and additive models(with discussion)[J]. Annals of Statistics, 1989, 17: 453–555.

[22] CAI Z, FAN J, YAO Q. Functional-coefficient regression models for nonlinear time series[J]. Journal of American Statistical Association, 2000, 95(451): 941–956.

[23] CAI Z, LI Q, PARK J Y. Functional-coefficient models for nonstationary time series data[J]. Journal of Econometrics, 2009, 148: 101–113.

[24] CHAN, K S, TONG H. On estimating thresholds in autoregressive models[J]. Journal of Time Series Analysis, 1986, 7: 179–190.

[25] CHAN N H, YAU C Y, ZHANG R M. Lasso estimation of threshold autoregressive models[J]. Journal of Econometrics, 2015, 189(2): 285–296.

[26] CHAN N, WANG Q. Nonlinear regressions with nonstationary time series[J]. Journal of Econometrics, 2015, 185: 182-195.

[27] CHEN C, LI Y, YAN C, et al. Least absolute deviation-based robust support vector regression[J]. Knowledge-Based Systems, 2017, 131, 183-194.

[28] CHEN C, LIU L M. Joint estimation of model parameters and outlier effects in time series [J]. Journal of the American Statistical Association, 1993, 88(421): 284-297.

[29] CHEN X. Large sample sieve estimation of semi-nonparametric models, in Handbook of Econometrics, eds [M]. Heckman, J. and Leamer, E., Elsevier, vol. 6, chap. 76, 2007.

[30] CHEN Y, TU Y. Is Stock Price Correlated with Oil Price? Spurious Regressions with Mildly Explosive Processes[J]. Oxford Bulletin of Economics and Statistics, 2019, 81 (5): 1012-1044.

[31] CHO K, VAN MERRIENBOER B, GULCEHRE C, et al. Learning phrase representations using RNN Encoder-Decoder for statistical machine translation[M]. In Proceedings of the 2014 conference on empirical methods in natural language processing (EMNLP). Stroudsburg, PA, USA: Association for Computational Linguistics, 2014: 1724-1734.

[32] CHOI I. Asymptotic normality of the least-squares estimates for higher order autoregressive integrated processes with some applications[J]. Econometric Theory, 1993, 9(2): 263-282.

[33] CORDUAS M, PICCOLO D. Time series clustering and classification by the autoregressive metric[J]. Computational Statistics & Data Analysis, 2008, 52(4): 1860-1872.

[34] CORTES C, VAPNIK V. Support vector networks[J]. Machine Learning, 1995, 20: 273-297.

[35] DAVIS R B. Hypothesis testing when a nuisance parameter is present only under the alternative[J]. Biometrika, 1987, 74: 33-43.

[36] DICKEY D A, FULLER W A. Distribution of the estimators for autoregressive time series with a unit root[J]. Journal of American Statistical Association, 1979, 74(366): 427-431.

[37] DICKEY D A, FULLER W A. Likelihood ratio statistics for autoregressive time series with

a unit root[J]. Econometrica, 1981, 49(4): 1057-1072.

[38] DONG C, GAO J, TJOSTHEIM D. Estimation for single-index and partially linear single-index integrated models[J]. Annals of Statistics, 2016, 44: 425-453.

[39] DONG C, GAO J, TJOSTHEIM D, et al. Specification testing for nonlinear multivariate cointegrating regressions[J]. Journal of Econometrics, 2017, 200: 104-117.

[40] DROST F C, KLAASSEN C. Efficient estimation in semiparametric GARCH models[J]. Journal of Econometrics, 1997, 81: 193-221.

[41] DRUCKER H, BURGES C J C, KAUFMAN L, et al. Support vector regression machines [M]. In: Mozer M. C., Jordan M. I., and Petsche T. (Eds.), Advances in Neural Information Processing Systems 9, MIT Press, Cambridge, MA, 1997: 155-161.

[42] ELMAN J L. Finding structure in time[J]. Cognitive Science, 1990, 14: 179-211.

[43] ENGLE R E. Autoregressive Conditional Heteroskedasticity With Estimates of the Variance of United Kingdom Inflation[J]. Econometrica, 1982, 50: 987-1007.

[44] ENGLE R E. Dynamic conditional correlation: a simple class of multivariate generalized autoregressive conditional heteroskedasticity models[J]. Journal of Business & Economic Statistics, 2002, 20: 339-350.

[45] ENGLE R F, GONZALEZ-RIVERA G. Semiparametric ARCH Models[J]. Journal of Business and Economic Statistics, 1991, 9: 345-359.

[46] ENGLE R F, GRANGER C W J. Co-integration and error correction: representation, estimation, and testing[J]. Econometrica, 1987, 55: 251-276.

[47] ENGLE R E, KRONER K E. Multivariate Simultaneous Generalized ARCH[J], Econometric Theory, 1995, 11: 122-150.

[48] ENGLE R E, LILIEN D M, ROBINS R P. Estimating Time Varying Risk Premia in The Term Structure: The ARCH-M Model[J]. Econometrica, 1987, 55(2): 391-407.

[49] EPANECHNIKOV V. Nonparametric estimates of a multivariate probability density[J]. Theory of Probability and Its Applications, 1969, 14: 153-158.

[50] FAN J. Design-Adaptive Nonparametric Regression[J]. Journal of the American Statistical

Association, 1992, 87: 998–1004.

[51] GLOSTEN L R, JAGANNATHAN R, RUNKLE D E. On the relation between the expected value and the volatility of nominal excess return on stocks[J]. Journal of Finance, 1993, 48: 1779–1801.

[52] GONZALO J, PITARAKIS J Y. Estimation and model selection based inference in single and multiple threshold models[J]. Journal of Econometrics, 2002, 110(2): 319 – 352.

[53] GRANGER C. Some recent generalisations of cointegration and the analysis of longrun relationships. In: Engle, R., Granger, C. (Eds.), Long – Run Economic Relationships. Oxford University Press, pp. 277–287, 1991.

[54] GRANGER C. Modelling Non–Linear Relationships Between Extended–Memory Variables [J]. Econometrica, 1995, 63: 265–279.

[55] GRANGER C W, NEWBOLD P. Spurious regressions in econometrics[J]. Journal of Econometrics, 1974, 2(2): 111–120.

[56] HAFNER C, VAN DIJK D, FRANSES P. Semiparametric Modelling of Correlation Dynamics, in Advances in Econometrics, Vol. 20, Part A, eds. T. Fomby and C. Hill, 59–103, 2006.

[57] HAMILTON J D. A new approach to the economic analysis of nonstationary time series and the business cycle[J]. Econometrica, 1989, 57: 357–384.

[58] HAMILTON J D. Analysis of time series subject to changes in regime[J]. Journal of Econometrics, 1990, 45: 39–70.

[59] HAMILTON J D. Time Series Analysis. Princeton University Press, Princeton, NJ, 1994.

[60] HALL R E. Stochastic implications of the life cycle hypotheses: theory and evidence[J]. Journal of Political Economy, 1978, 86(6): 971–987.

[61] HAYASHI F. Econometrics[B]. Princeton University Press, 2000.

[62] HARDLE W K, MAMMEN E. Comparing nonparametric versus parametric regression fits [J]. The Annals of Statistics, 1993, 21(4): 1926–1947.

[63] HOCHREITER S, SCHMIDHUBER J. Long short–term memory[J]. Neural Computation,

1997, 9: 1735-1780.

[64] HYNDMAN R J, ATHANASOPOULOS G. Forecasting: Principles and Practice[B]. 2nd Ed. Otex, 2018.

[65] ICHIMURA H. Semiparametric least squares(sls) and weighted sls estimation of single-index models[J]. Journal of Econometrics, 1993, 58(1-2) : 71-120.

[66] KIM W, LINTON O B. A local instrumental variable estimation method for generalized additive volatility models[J]. Econometric Theory, 2004, 20: 1094-1139.

[67] LI D, LING S. On the least squares estimation of multiple-regime threshold autoregressive models[J]. Journal of Econometrics, 2012, 167(1): 240-253.

[68] LI K C. From stein's unbiased risk estimates to the method of generalized cross validation [J]. Annals of Statistics, 1985, 13(4): 1352-1377.

[69] LI Q. Consistent model specification tests for time series econometric models[J]. Journal of Econometrics, 1999, 92(1): 101-147.

[70] LI Q, HUANG C J, LI D, et al. Semiparametric smooth coefficient models[J]. Journal of Business and Economic Statistics, 2002, 20(3): 412-422.

[71] LI Q, RACINE J S. Nonparametric Econometrics: Theory and Practice[B]. Princeton University Press, 2007

[72] LI Q, WANG S. A simple consistent bootstrap test for a parametric regression function[J]. Journal of Econometrics, 1998, 87(1): 145-165.

[73] LI D, PHILLIPS P, GAO J. Kernel-based inference in time-varying coefficient cointegrating regression[J]. Journal of Econometrics, 2017, 215: 607-632.

[74] LIAO T W. Clustering of time series data: a survey[J]. Pattern Recognition, 2005, 38 (11): 1857-1874.

[75] LIN Y, TU Y. Robust inference for spurious regressions and cointegrations involving processes moderately deviated from a unit root[J]. Journal of Econometrics, 2020, 219(1): 52-65.

[76] LIN Y, TU Y. On transformed linear cointegration models[J]. Economics Letters, 2021, 198, 1-6: 109686.

[77] LIN Y, TU Y, YAO Q. Estimation for double-nonlinear cointegration[J]. Journal of Econometrics, 2020, 216: 175-191.

[78] LINTON O. Adaptive estimation in ARCH models[J]. Econometric Theory, 1993, 9: 539-569.

[79] LINTON O, MAMMEN E. Estimating semiparametric ARCH(∞) models by kernel smoothing methods[J]. Econometrica, 2005, 73: 771-836.

[80] LINTON O, NIELSEN J P. A kernel method of estimating structured nonparametric regression based on marginal integration[J]. Biometrika, 1995, 82(1): 93-100.

[81] LJUNG G M, BOX G E P. On a measure of lack of fit in time series models[J]. Biometrika, 1978, 65: 297-303.

[82] LONG X, SU L, ULLAH A. Estimation and forecasting of dynamic conditional covariance: a semiparametric multivariate model[J]. Journal of Business and Economic Statistics, 2011, 29(1): 109-125.

[83] LUUKKONEN R, SAIKKONEN P, TERASVIRTA T. Testing linearity against smooth transition autoregressive models[J]. Biometrika, 1988, 75: 491-499.

[84] MASRY E. Multivariate local polynomial regression for time series: uniform strong consistency rates[J]. Journal of Time Series Analysis, 1996, 17: 571-599.

[85] MASRY E. Multivariate regression estimation: local polynomial fitting for time series[J]. Stochastic Processes and their Applications, 1996, 65: 81-101.

[86] MCCULLOCH R E, TSAY R S. Bayesian inference and prediction for mean and variance shifts in autoregressive time series[J]. Journal of the American Statistical Association, 1993, 88: 968-978.

[87] MCCULLOCH R E, TSAY R S. Statistical inference of macroeconomic time series via Markov switching models[J]. Journal of Time Series Analysis, 1994, 15: 523-539.

[88] MCLEOD A I, LI W K. Diagnostic checking ARMA time series models using squared-residual autocorrelations[J]. Journal of Time Series Analysis, 1983, 4: 269-273.

[89] MORGAN J N, SONQUIST J A. Problems in the analysis of survey data, and a proposal

[J]. Journal of the American Statistical Association, 1963, 58: 415-434.

[90] NADARAYA E A. On estimating regression[J]. Theory and Probability Application, 1964, 10: 186-190.

[91] NELSON D B. Conditional heteroskedasticity in asset returns: A new approach[J]. Econometrica, 1991, 59: 347-370.

[92] NEWEY W, WEST K. A simple positive semidefinite, heteroscedasticity and autocorrelation consistent covariance matrix[J]. Econometrica, 1987, 55: 863-898.

[93] NG S, PERRON P. Unit root tests in arma models with data-dependent methods for the selection of the truncation lag[J]. Journal of the American Statistical Association, 1995, 90(429): 268-281.

[94] PAGAN A, HONG Y S. Non-parametric estimation and the risk premium, in Barnett, W., Powell, J., and Tauchen, G., eds., Semiparametric and Nonparametric Methods in Econometrics and Statistics [M]. Cambridge, England: Cambridge University Press, 1990.

[95] PAGAN A, ULLAH A. Nonparametric Econometrics[B]. Cambridge, UK: Cambridge University Press, 1999.

[96] PAGAN A, SCHWERT G W. Alternative models for conditional stock market volatility [J]. Journal of Econometrics, 1990, 45(1-2): 267-290.

[97] PARK J Y, PHILLIPS P C B. Asymptotics for nonlinear transformations of integrated time series[J]. Econometric Theory, 1999, 15: 269-298.

[98] PARK J Y, PHILLIPS P C B. Nonlinear regressions with integrated time series[J]. Econometrica, 2001, 69: 117-161.

[99] PHILLIPS P C B. Local limit theory and spurious nonparametric regression[J]. Econometric Theory, 2009, 25: 1466-1497.

[100] PHILLIPS P C B, DURLAUF S N. Multiple time series regression with integrated processes[J]. The Review of Economic Studies, 1986, 53: 473-495.

[101] PHILLIPS P C B, LI D, GAO J. Estimating smooth structural change in cointegration

models[J]. Journal of Econometrics, 2017, 196: 180-195.

[102] PHILLIPS P C B, OULIARIS S. Asymptotic properties of residual based tests for cointegration[J]. Econometrica, 1990, 58(1): 165-193.

[103] PHILLIPS P C B, PERRON P. Testing for a unit root in time series regression[J]. Biometrika, 1988, 75(2) : 335-346.

[104] RAMSEY J B. Tests for specification errors in classical linear least squares regression analysis [J]. Journal of the Royal Statistical Society Series B, 1969, 31: 350-371.

[105] REN Y, TU Y, YI Y. Balanced predictive regressions[J]. Journal of Empirical Finance, 2019, 54: 118-142.

[106] ROBINSON P M. Root-n-consistent semiparametric regression[J]. Econometrica, 1988, 56(4): 931-954.

[107] RUPPERT D, WAND M. Multivariate Locally Weighted Least Squares Regression[J]. Annals of Statistics, 1994, 22: 1115-1634.

[108] SILVERMAN B. Density Estimation for Statistics and Data Analysis[B]. Chapman and Hall, London, 1986.

[109] SMOLA A J, SCHOLKOPF B. A tutorial on support vector regression[J]. Statistics and Computing, 2004, 14: 199-222.

[110] STOCK J H. Asymptotic properties of least squares estimations of co-integrating vectors [J]. Econometrica, 1987, 55: 1035 - 1056.

[111] STOCK J H, WATSON M. Forecasting using principal components from a large number of predictors[J]. Journal of the American Statistical Association, 2002, 97(460): 1167-1179.

[112] STOCK J H, WATSON M. Forecasting in dynamic factor models subject to structural instability. In The Methodology and Practice of Econometrics, A Festschrift in Honour of Professor David F. Hendry(Edited by J. Castle and N. Shephard), Oxford: Oxford University Press, 2008.

[113] SUN Y, CAI Z, LI Q. Semiparametric functional coefficient models with integrated covariates[J]. Econometric Theory, 2013, 79: 659-672.

[114] SUN Y, CAI Z, LI Q. A consistent nonparametric test on semiparametric smooth coefficient models with integrated time series[J]. Econometric Theory, 2016, 32(4): 988-1022.

[115] TERASVIRTA T. Specification, estimation, and evaluation of smooth transition autoregressive models[J]. Journal of the American Statistical Association, 1994, 89: 208-218.

[116] TSAY R S. Nonlinearity tests for time series[J]. Biometrika, 1986, 73: 461-466.

[117] TSAY R S. Testing and modeling threshold autoregressive processes[J]. Journal of the American Statistical Association, 1989, 84: 231-240.

[118] TSAY R S. Testing and modeling multivariate threshold models[J]. Journal of the American Statistical Association, 1998, 93: 1188-1202.

[119] TU Y, LIANG H Y, WANG Q. Nonparametric inference for quantile cointegrations with stationary covariates[J]. Journal of Econometrics, 2022, forthcoming.

[120] TU Y, WANG Y. Functional coefficient cointegration models subject to time-varying volatility with an application to the Purchasing Power Parity[J]. Oxford Bulletin of Economics and Statistics, 2019, 81: 1401-1423.

[121] TU Y, WANG Y. Adaptive estimation of heteroskedastic functional-coefficient regressions with an application to fiscal policy evaluation on asset markets[J]. Econometric Reviews, 2020, 39: 299-318.

[122] TU Y, WANG Y. Spurious functional-coefficient regression models and robust inference with marginal integration[J]. Journal of Econometrics, 2022, forthcoming.

[123] VAPNIK V. 1995. The Nature of Statistical Learning Theory[B]. Springer, New York, 1995.

[124] WANG Q. Limit theorems for nonlinear cointegrating regression[B], World Scientific, 2015.

[125] WANG Q, PHILLIPS P C B. Structural nonparametric cointegrating regression[J]. Econometrica, 2009, 77: 1901-1948.

[126] WANG Q, PHILLIPS P C B. A specification test for nonlinear nonstationary models[J]. Annals of Statistics, 2012, 40: 727-758.

[127] WANG Q, PHILLIPS P C B. Nonparametric cointegrating regression with endogeneity and long memory[J]. Econometric Theory, 2016, 32: 359-401.

[128] WANG K, ZHANG J, CHEN Y, et al. Least absolute deviation support vector regression [J]. Mathematical Problems in Engineering, 2014, 2014: 1-8.

[129] WANG X, YU J. Limit theory for an explosive autoregressive process[J]. Economics Letters, 2015, 126: 176-180.

[130] WATSON G S. Smooth regression analysis[J]. Sankhya Series A, 1964, 26: 359-372.

[131] WOLD H O A. A Study in The Analysis of Stationary Time Series[B]. Uppsala, Sweden: Almqvist and Wiksell, 1938.

[132] WHITE J. The limiting distribution of the serial correlation coefficient in the explosive case [J]. Annals of Mathematical Statistics, 1958, 29: 1188-1197.

[133] XIAO Z. Functional-coefficient cointegration models[J]. Journal of Econometrics, 2009, 152: 81-92.

[134] ZAKOIAN J M. Threshold heteroscedastic models[J]. Journal of Economic Dynamics and Control, 1994, 18: 931-955.

[135] ZHANG R, CHAN N H. Portmanteau-type tests for unit-root and cointegration[J]. Journal of Econometrics, 2018, 207(2): 307-324.

[136] ZHENG J X. A consistent nonparametric test of parametric regression models under conditional quantile restrictions[J]. Econometric Theory, 1998, 14(1): 123-138.